养殖致富攻略·疑难问题精解

水产养殖科学用药

SHUICHAN YANGZHI
KEXUE YONGYAO
290 WEN

290问

夏 磊 杨仲明 张长健 编著

U0395245

中国农业出版社

北 京

本书有关用药的声明

前言
FOREWORD

　　随着我国水产养殖业的蓬勃发展，养殖品种也在不断地更新换代。在养殖过程中，广大的养殖者遇到的疾病防治问题也逐渐地增多，针对不同的养殖品种都会遇到这样那样的问题，水产疾病也从简单的单方面防治向全面防控方向发展，要整体从种苗、水质、饵料、养殖对象本身制定解决问题的方案。

　　本书总结了作者20年的水产养殖病害防治的成功案例，从养殖户的实际需要出发，以问答的形式，从科学用药，科学的制定处理方案的角度出发，对养殖过程中的病害防治的一些问题进行了解答。本书将理论与实践相结合，内容丰富，实用性强。

　　由于药物的使用受水环境、养殖品种类型、养殖品种的生理状态、天气等多种因素的影响，同样的药物在不同水质、不同的养殖品种、不同的时间施用，其防病效果会有较大的差异。因此，读者在参考本书用药时，应根据实际情况，在用药量、用药方法上灵活掌握，以达到药物的最佳使用效果。

　　本书内容中所涉及的商品渔药均为"鑫洋"系列产品，外用药物的用药量以平均水深1米为测算依据，内服药的投饵量按养殖动物体重的5%作为测算依据。

　　本书在编写过程中，得到了中国水产科学研究院北京市水产科学研究所及北京鑫洋水产高新技术有限公司的有关专家及技术人员的大力支持和指导，在此表示衷心的感谢！

目录

CONTENTS

前言

一、科学用药篇

1 如何科学鉴别渔药质量？

近年来，渔药品种繁多，良莠混杂，使用户在选择上无所适从。其实，我们可以从渔药的包装、外观和"三证"等方面着手进行质量鉴别，以达到正确选择优质渔药的目的。

（1）检查包装 兽药产品（原料药除外）必须同时使用内包装标签和外包装标签。包装标签必须注明"兽用"标识、兽药名称、主要成分、适应证（或功能与主治）、含量/包装规格、生产许可证号、批准文号或《进口兽药登记许可证》证号、生产批号、有效期、停药期、贮藏、包装数量和生产企业信息等内容。

（2）检查注册商标 正规渔药厂家申请了注册商标，注册商标（图案、图画、文字等）必须在兽药的包装、标签和说明书上标明，并注有"注册商标"字样或注册标记。非法厂家生产的假兽药往往没有商标或使用没有注册的商标。

（3）检查是否为国家宣布淘汰或禁止生产、销售及使用的渔药。

（4）目测产品外观 对于粉剂类产品，外包装应完整，装量无明显差异，无胀气现象；药粉干燥疏松、颗粒均匀、色泽一致，不得有异味、潮解、霉变、结块、发黏和虫蛀等情况。对于水剂类产品，打开包装瓶观察其装量应无明显差异，容器应完好、统一，无泄漏；溶液的色泽应一致，澄清、无异物、无沉淀或混浊；个别产品在冬季允许析出少量结晶，加热后应完全溶解，否则出现絮状物及其他异常现象的均不得使用。对于片剂类产品，外包装应完好，外观要整齐、完整、色泽均匀，表面要光滑，无斑点、麻面，应有适宜的硬度，并且经过测试其在水中的溶解时间达到产品要求。对于中草药产品，主要看其有无吸潮霉变、虫蛀或胀气等情况出现，出现上述现象不宜继续使用。而对于注射剂，凡过期作废、针剂透明度不符合规定、变色、有异样物、容器有裂纹或瓶塞松动、混悬注射液振摇后分层较快或有凝块、冻干制品已失真空或瓶内疏松团块与瓶粘连的药物，均不宜使用。

（5）留心"三证" 正规渔药产品必须同时具备兽药生产许可证、产品批准文号、生产批号才能在市场上销售，当然其产品质量也能得到保证。合格的渔药产品必须同时具备"三证"，否则就是假、劣渔药。

（6）注意生产企业是否通过兽药 GMP 认证 兽药 GMP 是兽药生产和质量管理的基本准则，只有通过兽药 GMP 认证的企业，其产品质量才能得到有效保证。

（7）注意一药多名，区别"商品名"和"通用名" 用户应根据治疗目的，仔细阅读标签，认清其通用名和产品主要成分、含量等，然后再去比较相应各厂家的同类产品，最终选择质优价廉的产品。

2 鱼病为啥总是治不好？

使用药物防治鱼病过程中，常常发生效果不佳，甚至鱼类疾病更严重而导致死亡的现象。究其原因，主要有以下几种情况：

（1）诊断不准，导致药不对症 对病原体认识不清楚，而且目前疾病都是多发性，分不清主次，不能正确制订治疗方案。根据经验、偏方下药，是导致鱼病久治不愈的常见原因之一。因此，治疗鱼病，首先应力求诊断正确。

（2）药物失效 各种药物都有保质期，使用过期变质的药物，不仅达不到治疗目的，还会危害养殖鱼类。因此，在使用药物前，应了解该药物是否在保质期内，不要使用过期失效药。

（3）用药量不足或过量　用药前水体体积计算与称药量不准是造成用药不足与过量的主要原因。药量不足时池水达不到所需浓度，造成防治效果不佳。药量过多时会超出鱼类忍受限度，造成鱼体损伤或死亡。

（4）用药疗程不足　有些鱼病在使用药物一个疗程后并不能起到满意的效果，而需要使用两个或更多个疗程。若疗程不足，病虫害杀灭不彻底，就会出现治愈率低或该病再次复发的现象。

（5）病原体产生耐药性　由于使用同一种药物，病原体对该药物产生了耐药性。在药物使用过程中各种药物交替使用是解决这一问题简单而有效的方法。

（6）药物溶解不完全　固体药物要按要求充分溶解，不能有颗粒或块状物存在，以免被鱼体误食致死，同时也可避免水体达不到规定浓度，不能彻底杀死病原体。

（7）水质因素　水质过肥或者其他水质指标超标，都会对用药效果产生影响。如硫酸铜使用时，会与水体中的有机质、矿物质发生反应而被消耗，药效降低。如硫醚沙星会因为水体中的 pH 过高，而影响用药效果。

③ 混合用药时应注意哪些问题？

在鱼病防治时，使用单一的药物不能达到预期效果时，常将两种或两种以上药物混合使用，但并不是所有的药物都能混合使用，有些药物其作用因互相抵消而减弱，或产生毒素等，称为颉颃作用。

渔药混用应注意以下几点：

（1）混用原则　不应影响药物有效成分的化学稳定性；不应使毒性增大，理想的效果是增效不增毒；药效配合合理，优缺点互补；不应提高用药成本。

（2）注意事项　混用渔药时，要先在小水体试验，若可行再使用；要现配现用，需稀释或溶解的药物，应先各自稀释或溶解，而后混合；要根据渔药酸碱性合理取舍；尽量减少混用药物种类和混用次数，以免增加成本和污染水体。

④ 哪些渔药不可混用？

（1）使用漂白粉消毒时要避免与生石灰混用，因为次氯酸及其离子在碱性溶液中比在中性或微酸性溶液中活力降低一大半。

（2）使用敌百虫时不得加入碱性药物，防止形成毒性更大的敌敌畏，造成人、畜及水产动物中毒。

（3）磺胺异噁唑与青霉素混合作用，会降低药效。青霉素与四环素等混用时，会降低药效。

（4）磺胺类药物不能与氟苯尼考、酸性药液及生物碱类药液混合使用。

（5）消毒剂、抗生素等不能与微生物制剂同时使用，两者使用时需间隔3天以上。

⑤ 哪些渔药混用可以提高药效？

（1）硫酸铜和硫酸亚铁按5∶2比例混合，每立方米水体用0.7克化水全池泼洒，可防治部分寄生虫病。其中，硫酸亚铁为辅助用药，有收敛作用，主要是为硫酸铜杀灭寄生虫扫除障碍。硫酸亚铁也可与克虫威、鑫洋灭虫精等混用。

（2）大黄与0.3%的氨水按1∶20的比例混合浸泡鱼体12小时，用以防治草鱼出血病、细菌性烂鳃病和白头白嘴病等。其中氨水为增效剂，能提高药效。

（3）90%晶体敌百虫和碱面按1∶0.6比例配合成合剂全池泼洒，可防治水霉病。

（4）喹诺酮类药物（恩诺沙星等）与磺胺类药物配伍，药效增强。

⑥ 如何区别鱼类氨氮中毒、药物中毒和泛池死鱼？

可从发生死鱼的时间、鱼类的表观症状及死鱼的种类上进行判别。

氨氮中毒死鱼多发生在连续晴天的 14：00～18：00；药物中毒多与农田施药、鱼池施药及工厂排污等有关，死鱼不分白天还是黑夜；泛池死鱼多发生在温差大、特别是连续低气压闷热天突降大雨造成上下水层急剧对流或连绵阴雨天，死鱼多从后半夜开始至日出后止，泛池死鱼与水质太肥、池鱼太多等直接有关。

发生氨氮中毒的鱼塘，池鱼呼吸急促、乱窜乱游，继而仰浮水面，不久即死。发生药物中毒的鱼塘，鱼浮头现象一般不大明显，症状的表现与毒物种类有关，有的出现行动迟缓、麻木、体色变黑、下沉水底而死，有的则会蹿游、颤抖、抽搐、挣扎，直至昏迷而亡。而泛池死鱼的表现是：池鱼分散在全塘水面张大嘴巴呼吸空气，惊动它们也不下沉逃跑，严重时小杂鱼已死、小虾跳上岸，池边的鲂、草鱼逐渐翻肚，挣扎几次便死，接着鲢、鳙开始死亡，鲤、鲫一般是最后才死的。

氨氮中毒的鱼池，不分种类和个体大小，均部分死亡；药物中毒的鱼池，一般均全塘死光或基本死光；泛池死鱼以鲂、草鱼、鲢、鳙为常见，鲤、鲫很少死亡，泥鳅、黄鳝几乎不受影响。

 鱼不吃食怎么办？

鱼不吃食主要是由于以下几方面的原因造成的：

（1）鱼类肠道发炎（肠炎），一般通过内服复方磺胺甲噁唑（0.5％～1％饲料添加），并用塘毒清对水体进行消毒，经 3～5 天就可好转。

（2）由肠道寄生绦虫引起的，内服绦虫速灭就可解决。

（3）饲料营养不全面，导致肝部受损，内脏器官发生病变引起的，解决方法是改换饲料，并服用肝胆康和高效 Vc＋e。

（4）水体氨氮、亚硝酸盐超标，水体缺氧。解决的办法是用降硝氨降低氨氮，并迅速增氧，然后用利生素调节水质。另外，可用肥水素与过磷酸钙合用，过磷酸钙用量为 10 千克/亩*，用水浸泡

———————

* 亩为非法定计量单位，1 亩＝1/15 公顷。——编者注

0.5～1 小时；肥水素用量为 2 亩/袋。全池泼洒塘毒清，也可有效降低水体中亚硝酸盐含量。

8 如何测算池塘用药量？

在鱼病防治过程中，外用药的用药量一般根据池塘水体多少进行测算。因此，只有准确测量池塘面积和平均水深，才能得出池水体积和用药量。

（1）池塘面积的计算方法

①长方形或正方形鱼池水面面积＝水面长×水面宽。

②圆形鱼池水面面积＝π（3.141 6）×R^2（R 为半径）。

③梯形池塘水面面积＝（上底＋下底）×高÷2。

④平行四边形池塘水面面积＝底×高。

⑤三角形池塘水面面积＝底×高÷2。

⑥形状不规则的鱼池：用切割方法计算，先将池塘分割成长方形、三角形或圆形后再进行测量，然后将几部分面积相加即是整个池塘面积。

（2）池塘水深的测量 在池塘的边缘和中间各选择几个点，分别测出各点水深，相加后再取其平均数，即：平均水深（米）＝测试点水深相加÷测试点数。

（3）用药量计算 根据测得池水体积和用药浓度进行计算：池塘水体＝池塘面积×平均水深；池塘用药量＝池塘水体×用药浓度（克/米³）。

9 深水池塘用药如何才能正确？

在目前的养殖情况下，许多精养池塘的水体深度都已超出了以往的常规概念，由以前标准的 1～1.2 米，加深至 1.5～1.8 米，有的甚至超过了 2 米。在一定程度上来讲，深水养殖可以提高单亩产量，节约劳动成本，提高鱼池的综合养殖效益。

但是，由于池水的加深，对鱼类病害的防治带来不便，这是因为鱼类的放养品种增多，底层鱼类和中上层鱼类的分化程度明显，当鱼类发生细菌性疾病或其他寄生虫疾病时，对池塘进行水体消毒和整池杀虫时，由于水体存在温差问题，外用药物不能直接作用于水体底部和底层鱼类，即使按照实际池塘的面积，按照药品的实际用量使用，也不能达到理想的治愈效果。例如，在混养池塘中鲤、鲫、草鱼同时患有细菌性疾病，经过使用药物治疗后，草鱼、鲤都会很快治愈，但是底层的鲫仍有不断死亡的情况发生。

针对这一情况，应采取相应的对策，在使用治疗药物之前，应当想办法让底层鱼类被迫上浮，使药物直接作用鱼体。具体方法是：使用氯制剂片剂以较小的用量直接作用于池底，由于其强烈的刺激性迫使鱼类上浮，然后再泼洒相应的治疗药物。在药物泼洒几个小时以后，开动增氧机，使药物混匀于整个鱼池，这样就可以保证鱼体在第一时间内接受药物治疗，同时，避免药物浪费以及使用过量的情况。当然，在针对性治疗药物选择上，应尽量选取刺激性小的药物，如碘制剂等。

10 投喂药饵时怎样才能保证病鱼吃到足够的药量？

在生产实践中，使用内服药时，往往由于病鱼吃不到足够的药量，使鱼的病情非但得不到缓解，还使病原菌（虫）产生耐药性，同时还浪费了药物，造成双倍的损失。如何使病鱼吃到足够的药量，使病鱼的病情得到缓解乃至痊愈呢？

（1）药饵在水中的稳定性要好，如稳定性不好，药饵入水后会很快散开，病鱼吃不到足够的药量。

（2）投喂药饵的量要计算准确。按鱼体重计算用药量，将渔药添加在饲料中，药饵的量宁少勿多。一般在投喂后 30～40 分钟内吃完。如 1 小时还未吃完，则说明投饵量过多，造成药饵浪费，而且还影响下一顿的吃食。

（3）为了使鱼体中药物保持有效浓度，药饵应每天投喂 2～4 次。

（4）内服药饵必须按要求连续投喂一个疗程（一般 3～5 天或7 天），或待鱼停止死亡后，再继续投喂 1～2 天，不要过早停药。

过早停药，鱼体内的病原菌未被全部消灭，容易复发。

（5）要注意投喂方法。杀虫的前一天投饲量应比平时减少些，药饵投喂前最好停食一顿，这样有利于药饵的充分利用与吸收；药饵要撒均匀，保证病鱼吃到足够的药饵；将没病的鱼类先喂饱，再投喂药饵，保证病鱼能吃到足够的药饵（如池中草鱼较多时，在其他鱼生病的时候，为确保病鱼吃到足够的药饵，则可先投草料，再投喂药饵）；投喂药饵时，最好选择风浪较小时投喂，否则，因风浪大，撒在水面的药饵很快被吹到下风处，沉入水底，其他鱼就吃不到足够的药量，在有风浪的情况下，投喂的次数要由每天 2 次改为每天 4 次，药饵量也要适当增加。

（6）特别提示。治疗期间及刚治愈后，不要大量交换池水，不要大量补充新水及捕捞，以免给鱼带来刺激，加重鱼的病情或引起复发；在使用内服药的同时，最好配合外用药泼洒，杀灭水中病原菌（虫），可避免病情反复。

11 清塘有何好处？

养殖池清塘后能达到以下效果：

（1）改善底泥的不良状态（还原化、酸化、有机化和毒性化），保持底泥的自身净化及平衡能力，恢复底泥生物体系的平衡。

（2）杀死野杂鱼、虾、蟹、蝌蚪、螺和昆虫等有害生物。

（3）杀死病毒、病菌和寄生虫等病原，尤其对部分寄生虫（蠕虫、孢子虫等），清塘可杀死部分虫体及中间寄主，因其生活史长，清塘可减少此类病的发生率。

（4）底泥释放大量藻类的营养物质，有利于藻类、轮虫、枝角类等饵料生物的繁殖。

12 持续高温天气如何预防鱼病？

天气比较热时，不能投喂过饱的饲料，投料时要注意观察鱼的摄食情况和鱼的活动情况以调整投料系数，保持鱼有七成饱，使生长的效果更好。如发现鱼摄食较差或出现浮头时，应适当减少投喂量，可少投或不投。视鱼的摄食情况、活动情况、水质变化和天气情况，对饲料的投喂量做适当调整。

由于水温过高，中午要开增氧机 3～4 小时，可减少上层水温和下层水温出现温差或水质分层，同时，对水中有害气体进行暴气。

水温过高时，也可适当换水，但不能大排大换，应做到少量多次，以减少鱼虾的应激反应。换水的时间最好选择在晚上和早上，保证水质的稳定性。有条件时可加入深井水，最好在傍晚时加注，时间不宜过长，以 2 小时为宜。

由于天气过热，水质变化比较快，也容易变坏。如罗非鱼时常会出现浮头、摄食差的现象，很容易使罗非鱼出现其他病害，如肠炎等。在饲养过程可适当添加少量的维生素 C、乳白鱼肝油，将大蒜捣烂配饲料投喂，可有效预防病害。

在高温炎热的天气，很容易使水体中的藻类出现老化或死亡，造成鱼和虾出现浮头现象，因此，要进行水质调节。主要的方式有两个：首先，可以采取换水的方法；其次，水体藻类出现老化或死亡时，可以用光合细菌、利生素加强型、底质改良剂等对水体进行调节和底质改良，可有效调节水质。

在持续炎热的天气情况下，尤其要做好日常的巡塘工作，要定时清除鱼塘里的杂物，及时捕捞死亡的鱼并做深埋处理，防止病原体的蔓延。发现有个别的死鱼现象要高度重视，要分析鱼的死亡因素。发现病害的因素一定要采取相应的治疗方案，防止鱼病的蔓延，防止出现大批量死亡。

13 如何用"五看"法简单判断鱼体健康？

一看行动。鱼病发生时，常伴随着各种异常活动现象。池中鱼类受到寄生虫侵袭和刺激时，往往出现不安，如鱼受到侵袭后，表现为上跳下蹿，一时急剧狂游；鱼类因农药或工业废水中毒时，也会出现兴奋、跳跃和冲撞现象，而后进入麻痹阶段。

二看管理。鱼病常与饲养管理不善有关。如投喂的饲料不新鲜或腐败变质，就容易引起鱼类肠炎；施肥过量或肥料发酵不完全，会引起水质变化，从而引起浮头，甚至泛塘；水质较瘦、饵料不足，会引起萎瘪病、"跑马病"等；拉网使鱼体受伤，容易引起白皮病和水霉病。

三看体表。病鱼尾柄以及腹部两侧有圆形或椭圆形红斑，好像打了红色印章，则为打印病；病变部位长着大量的棉絮状菌丝，像一团团的白毛，则为水霉病；鳞片脱落，鳍条折断，体表发炎、充血，则为赤皮病。

四看鳃部。如鳃丝末端腐烂，黏液较多，有时鳃盖烂穿呈"透明天窗"，则为细菌性烂鳃病；如鳃片颜色比正常鱼的鳃片颜色白，略带血红色小点，则为鳃霉病。如果是口丝虫、斜管虫、车轮虫等寄生虫引起，则鳃片上黏液较多；而鳃丝肿大，鳃上有白色虫体或孢囊，鳃盖胀开，则为黏孢子虫等寄生虫病。

五看肠道。把肠道分成前、中、后三段置于盘中，轻轻地把肠道中的食物和粪便去掉，然后进行观察。若发现肠道全部或部分充血呈紫红色，粗细不匀，内有大量乳黄色的黏液，则为肠炎；肠道内壁有灰白色小结节，周围组织溃烂，甚至穿孔，则为球虫病；病鱼腹部膨大，腹腔内有白色带状寄生虫，则为舌形绦虫病。

14 怎样用肉眼诊断鱼病？

肉眼检查（简称目检），是诊断鱼病的主要方法之一。用肉眼找出病鱼患病部位的各种特征或一些肉眼可见的病原生物，从而诊断鱼患了什么病。

对鱼体进行目检的部位和顺序是体表、鳃和内脏。

（1）体表　对头部、嘴、鳃盖、鳞片、鳍条进行仔细观察，看是否有大型病原微生物及患病部位的特征症状，并把观察到的症状联系起来加以综合分析。

（2）鳃　鳃部的检查，重点是鳃丝。首先应注意鳃盖是否张开，然后用剪刀剪去鳃盖，观察鳃片的颜色是否正常，黏液是否较多，鳃丝末端是否有肿大和腐烂现象。

（3）内脏　内脏检查以肠道为主。将病鱼一边的肠壁剪开，首先观察是否有腹水和肉眼可见的寄生虫（如线虫、双线绦虫等）；其次，应仔细观察各内脏的外表，看是否正常；最后，用剪刀把咽喉部的前肠和肛门部位的后肠肠道剪断，取出内脏，把肝、脾、胆和鳔等器官逐个分开，再把肠道从前肠至后肠剪开，分成前、中、后三段。把肠道中的食物、粪便除去，仔细观察肠道中是否有线虫、绦虫等。肠壁上是否有黏孢子虫孢囊或球虫，若有则肠壁上会有成片或稀散的小白点。肠壁是否充血、发炎、溃烂等。

在目检中，应做到认真检查，全面分析，并做好记录，为诊断鱼病提供正确的依据，也为以后的诊断工作积累资料。另外还要注意，目检要取将死未死或刚死不久的新鲜病鱼来检查。否则，如组织腐烂、炎症消退、病原解体，则较难做出诊断。

15. 如何用肉眼鉴别鱼类常见体表病？

（1）赤皮病　体表局部或大部充血、发炎，鳞片脱落，尤以腹部最为明显，表皮腐烂或鳍条被蛀断。

（2）打印病　此病由外部烂入。病鱼尾柄或腹部两侧出现圆形、卵形或椭圆形红斑，严重时肌肉腐烂成小洞，可见骨骼或内脏。

（3）白皮病　背鳍后部至尾柄末端的皮肤发白，呈白雾状，形成鱼体后半部发白，与前半部颜色显著不同。

（4）疖疮病　此病由内部烂出。鱼体背部两侧有脓疮，用手触摸有浮肿感觉。剪开表皮，肌肉呈脓血状。

（5）白头白嘴病　病鱼体瘦发黑，漂浮在岸边，头顶和嘴的周围发白，严重时发生腐烂。

（6）水霉病　病原体的菌丝深入肌肉，蔓延扩展。体表向外生长似旧棉絮状的菌丝，最后瘦弱致死。

（7）车轮虫病　鳃部充血，头部发红，嘴圈周围有时呈现白色。病情严重时常群集在塘边形成"跑马"。

（8）斜管虫病　体表黏液增多，表面常形成一层淡蓝灰色薄膜。病鱼减食，消瘦，呼吸困难，漂游水面。

（9）小瓜虫病　体表、鳍条布满白色小点状的脓疱。

（10）隐鞭虫病　寄生于鱼鳃，临床可见鱼体变黑，鳃丝鲜红，有许多灰白色黏液。

（11）口丝虫病　病鱼初期无明显症状，病情严重时体色变黑，明显消瘦，游动缓慢，呼吸困难，鳃和皮肤覆盖一层灰白色黏液。鳃丝呈淡红色或皮肤充血、发炎，鱼鳞易脱落。

（12）鱼鲺病　病鱼体表可见臭虫状或米粒状大虫体，鱼头部有红斑点，鱼体呈淡绿色，不安，群集水面做跳跃急游行动。

（13）中华鳋病　肉眼可见鳃丝末端挂着像蝇蛆一样的小虫，病鱼不安，在水中跳跃，有时鱼尾竖直露出水面。

（14）锚头鳋病　病鱼体表可见灰白色锚头鳋，被侵袭处组织红肿发炎，病鱼不安，常在水面跳跃，离群独游。

（15）黏孢子虫病　鳞片、鱼鳃上有许多灰白色点或瘤状的孢囊。

（16）钩介幼虫病　脑部充血，嘴圈发白，嘴部、鳍、鳃上有米色小点状钩介幼虫，病鱼体瘦、色淡或呈灰白色，离群独游。

（17）白内障病　虫体侵入眼球，导致眼球充血或突出，后期眼球混浊，呈乳白色，失明。

（18）鱼怪病　鱼的胸鳍基部附近有一小洞，洞内有鱼怪虫体。

16 泼洒硫酸铜时应该注意什么？

硫酸铜是治疗鱼类纤毛虫病、鞭毛虫病的常用特效药物，目前尚无理想替代品，所以硫酸铜被广泛应用，但因一些使用者不谙药性，常造成一些危害。硫酸铜中毒，多因使用不当引起。所以，正确掌握使用硫酸铜的方法尤为重要。

（1）根据水温、有机物和悬浮物含量、溶解氧、pH、硬度以及气候、放养和鱼体活动情况等灵活用药。水温越高，硫酸铜的药性越大，安全浓度越小；pH高，有机物质含量大时，硫酸铜的毒性减小，安全浓度增大，可酌情增加药量；在与其他药物混用时，浓度宜减小。具体使用硫酸铜，可以 0.7 克/米³ 作为标准，上下浮动。

（2）要测准池水体积，准确计算用药量。

（3）应选择晴朗的清晨、鱼不浮头时用药，投药后有条件的应充气增氧，防止藻类死亡消耗氧气，败坏水质。

（4）在溶解硫酸铜时，水温不能超过 60℃，否则易失效。溶解和泼洒都不能用金属器皿。千万不能将未溶解的颗粒泼入水中，以免鱼误食中毒。

（5）硫酸铜的安全浓度很小，一般治疗可采用全池泼洒法和药浴法，前者使用浓度为 0.5～0.7 克/米³，后者为 8 克/米³，浸浴20～30 分钟。

（6）水深超过 3 米时，按 3 米计算。不宜按常规用量一步到位泼洒，应相隔 4～5 小时分两次泼洒。

（7）由于铜的残留时间长，对鱼的摄食生长也有不良影响，故不宜经常使用。

17 如何防治鱼苗池内敌害？

鱼苗池中有几种水生动物和藻类对鱼苗为害很大，在渔业生产过程中除用生石灰彻底清塘外，还应根据不同对象采用相应的防治敌害的措施，以保障鱼苗正常生长。

（1）甲虫　甲虫种类较多，其中较大型的体长达 40 毫米，常在水边泥土内筑巢栖息，白天隐居于巢内，夜晚或黄昏活动觅食，常捕食大量鱼苗。其防治方法是：每立方米水体用 90% 晶体敌百虫 0.5 克溶水全池泼洒或使用克虫威、鑫洋混杀威全池泼洒。

（2）龙虾　龙虾是一种分布很广、繁殖极快的杂食性虾类，在鱼苗池中大量繁殖时既伤害鱼苗又吞食大量鱼苗，危害特别严重，必须采取有效措施加以防治。

（3）水螅　水螅是淡水中常见的一种腔肠动物，一般附着于池底石头、水草、树根或其他物体上，在其繁殖旺期大量吞食鱼苗，对渔业生产危害较大。预防方法：①清除池水中水草、树根、石头及其他杂物，不让水蜈有栖息场所，使其无法生存；②全池泼洒90％晶体敌百虫溶液，剂量同（1）甲虫。

（4）水蜈蚣 又叫马夹子，是龙虱的幼虫，5～6月大量繁殖时，1只水蜈蚣一夜间能夹食鱼苗10多尾，危害极大。防治方法是：用竹木搭成方形或三角形框架，框内放置少量煤油，天黑时点燃油灯或电灯，水蜈蚣则趋光而至，接触煤油后窒息而亡。

（5）红娘华 虫体长35毫米，黄褐色。常伤害30毫米以下的鱼苗。预防方法：90％晶体敌百虫溶液泼洒，用量同（1）甲虫。

（6）青泥苔 青泥苔属丝状绿藻，消耗池中大量养分使水质变瘦，影响浮游生物的正常繁殖。而当青泥苔大量繁殖时严重影响鱼苗活动，常被乱丝缠绕致死。预防方法：全池每立方米水体泼洒0.7～1克硫酸铜溶液；投放鱼苗前每亩水面用50千克草木灰撒在青泥苔上，使其不能进行光合作用而大量死亡。

18 如何科学管理安全越冬？

（1）选择越冬池塘底泥一定要薄，避免冰下耗氧量大。

（2）提高水位。冬季池塘普遍会结冰，过低的水温会冻伤一些鱼类（特别是近年来养殖量逐渐增大的鲫、黄颡鱼等），造成翌年开春因冻伤引起的水霉病问题。因此越冬前，排出1/3的池塘底层水，并加注新水至池塘最高水位。并用解毒专家、菌满多稳定水质，分解有机质和老化藻类。

（3）调控水质加强肥水管理，确保生长和保膘。冬季池塘水温低，藻类繁殖生长速度慢，光合作用减弱，需提前肥水，增加鱼塘有益藻类的数量，一方面增加鱼塘溶氧，另一方面提高水体的保温能力，提高水温。建议使用活而爽＋菌满多或氨基多肽肥水膏＋肥水素进行肥水工作，保持水质肥力。

（4）改善底质。冬季下层水温高于上层水温，多数鱼类喜欢潜游到水的下层，所以底质环境的好坏，对鱼的健康生长来说非常重要。如果养殖前期没有做好底质改良工作，导致底层水质恶化，栖息在底层的鱼类极易发生各类疾病。建议养殖户越冬前选用底居安或底居宁，进行池塘底质改良 1～2 次。

（5）抓住时机，伺机投喂 冬季水温在 10℃ 以上时，越冬期补充投喂精饲料，保证鱼体的丰满程度、身体组织和血液主要生理指标能保持越冬前的正常水平。因此，建议养殖户在连续晴天水温较高、鱼类活动增强时，可进行适当投喂。

（6）检测鱼类体质，提前防病 低温季节，鱼类免疫力下降，抗病力弱，易感染寄生虫和真菌病原。越冬前对鱼体质进行检测，采取严格的防病措施，以保证鱼类安全越冬。建议在越冬前根据检测结果，进行一次寄生虫普杀。

（7）溶氧测定需专人操作，最好使用电子溶氧仪，使用前需校对溶氧探头，确保准确性。发现缺水，要及时补水，冰下保持 1.5 米水深，用定期注水代替"冰下测氧"不稳定，不可取。如池塘溶氧低，用增压式射流增氧机。

（8）内服药饵，增强鱼的体质，为保证鱼类安全越冬。在停料前拌药饵，增强鱼类体质。建议内服多维＋环肽免疫多糖，提高鱼体抗病御寒能力。

19 水源不足、排灌不便、淤泥厚的池塘如何防病？

池塘养鱼的关键在于水质的调节，为了防止池塘水老化和鱼类发病，对水源不足、排灌不便和池底淤泥较厚的池塘，可用以下方法调节水质：

（1）施用水质改良剂 每半个月向池塘泼洒 1 次，能起到吸附、转化池塘中氨态氮和有害物质的作用，以改良水质。

（2）施用沸石 每次用量为 13 克/米^3，以吸附水中的氨态氮和有害物质，改善水质。

（3）施用生石灰 每次施用量为 30 克/米^3，每 15～30 天 1 次。施用方法：生石灰溶于水后趁热向全池水面泼洒，石灰渣倒在池岸上。向池塘泼洒生石灰水能杀菌、消毒，增加钙质，调节 pH，改善水质。

（4）施用二溴海因泡腾颗粒、二溴海因泡腾片或二氧化氯 在高温季节选择一种全池用药，能改善池塘环境；在料台处用药可减少细菌病的发生和传染。

（5）定期使用微生物制剂——超浓芽孢精乳　每瓶可用于4亩池水，可以有效防止池塘水老化。

20　如何提高鱼体抗病力？

在目前的饲养条件下，要消灭一切病原体是不可能的。但要控制鱼病的发生，可从科学的养殖管理和维持养殖水体生态平衡入手，提高鱼体抗病能力，只要措施得当，就会收到事半功倍的效果。

（1）合理混养　合理的混养不仅可提高单位面积产量，而且对鱼类疾病的预防也有一定的作用。将不同活动水层、不同食性的鱼类进行混养，能充分利用养殖水体的生态空间、各种饵料生物和营养物质，降低水体中有机悬浮物的含量，维持养殖水体的生态平衡，可减少鱼病发生的机会。

（2）早放养　实行早放养，改春季放养为秋季、冬季或早春放养鱼种。秋、冬季节水温低，鱼种活动力弱，容易捕捞、运输，不易受伤感染疾病。早放养还可使鱼类提早适应新环境，到春季水温上升后的疾病流行季节已经恢复体质，开始摄食，增强了抗病力；而且延长了生长期。

（3）做到"四定"投饲　即定质、定量、定时、定点。

（4）及时施肥　在施足基肥的基础上，养殖中期还要适量追肥，追肥应掌握及时、少施、勤施的原则，且追肥应以发酵腐熟的有机肥或混合堆肥的浆汁为佳，也可追施化学肥料。

（5）坚持巡塘　养成每天早、中、晚巡塘的习惯，观察鱼类吃食情况、活动情况及池塘水质变化等，以便发现问题并及时采取措施。

（6）预防受伤　日常管理、拉网捕鱼、进箱搬运及养殖操作要认真谨慎，防止鱼体受伤而感染疾病。

（7）定期投喂能提高免疫力及生长力的免疫增强剂、中草药制剂等，如肝胆康、肝胆利康散等。

21 为什么说青虾池不能在清晨用药？

因为青虾属于极度不耐低氧的品种，夏、秋季节，清晨气温一般比较低，特别是上一天的闷热雷雨天气之后的清晨气压更加低，一般青虾都集中到池边浮头。如果在这时下药，不但加大了池水的浓度，而且药物还会刺激青虾，使本来就承受不了自然环境条件的青虾，突然遭到强烈的药物刺激后，马上就会窒息而亡。这就是清晨不能用药的原因。

那么什么时候用药比较合适呢？一般在 10：00～16：00 比较合适。这期间池塘溶氧量比较高，只要用药得当，是不会出问题的。用药后应及时观察青虾的活动情况，如果发现异样，可加注清水，以防万一。

22 大蒜能防治哪些鱼病？

（1）防治鱼烂鳃病和肠炎　每 100 千克鱼体重用大蒜素 10 毫克，拌入饵料中投喂，3 天为一个疗程；或每 100 千克鱼体重每天用 10％人工合成大蒜素 200 克拌饵投喂，连喂 6 天。

（2）防治鱼暴发性出血病　每万尾鱼种用大蒜 0.25 千克、喜旱莲子草 4 千克、食盐 0.25 千克与豆饼磨碎投喂，每天 2 次，连用 4 天，效果明显。

（3）防治草鱼出血病　每 50 千克鱼用水花生 5 千克，捣烂拌食盐 0.25 千克、生大蒜 0.25 千克、大黄 0.5 千克，再拌米粉、麸皮或浮萍 5～10 千克做成药饵喂鱼，连喂 7 天。

（4）防治草鱼疖疮病　每 100 千克草鱼用大蒜头 2 千克，先剥去皮、捣烂，再加入 10 千克米糠、1 千克面粉、1 千克食盐，搅拌均匀后，每天投喂 1 次，连用 5 天。

（5）防治鲤鱼竖鳞病　每 20 千克水中加入 2～3 克大蒜素浸洗鱼体，疗效显著。

（6）防治鱼锚头鳋病　用大蒜素以 10～30 克/米^3 浓度浸洗鱼体 1 小时，锚头鳋可被杀死。

（7）防治嗜子宫线虫病　用去皮大蒜头捣碎取汁，加水5倍稀释，浸洗病鱼2分钟。

（8）防治鱼肠炎、烂鳃病和赤皮病　每亩水面（水深1米）用青木香、苦楝树皮、辣蓼、菖蒲、樟树叶各2.5千克，大蒜头、食盐各1千克，雄黄0.15千克，先把草药切碎熬汁，再把大蒜头、食盐、雄黄研烂加入药液中，于傍晚全池遍洒。施药前的当天上午要用黄泥25千克、人尿5千克和生石灰5千克，兑水摇匀，全池遍洒。

（9）诱食　平时在饲料中适量添加大蒜素，可起到诱食作用，能提高饲料利用率。

23 水产禁用药物有何危害？如何替代？

（1）孔雀石绿　过去常被用于制陶业、纺织业、皮革业、食品颜色剂和细胞化学染色剂，1933年起其作为驱虫剂、杀虫剂、防腐剂在水产养殖中使用，后曾被广泛用于预防与治疗各类水产动物的水霉病、鳃霉病和小瓜虫病。从20世纪90年代开始，国内外学者陆续发现，该药倒入水中，能溶解泥土中的锌而导致水生生物中毒，并具有高毒素、高残留等副作用，因此，已禁用此药。

替代物：目前国内渔药生产厂家推出了一些替代品，如硫醚沙星和新杀菌红及一些含碘的消毒剂。

（2）氯霉素（盐、酯及制剂）　氯霉素具有广谱抗菌作用，对多数G^+、G^-菌均有效，在水产上能有效防治烂鳃病、赤皮病。但该药对人类的毒性较大，可抑制骨髓造血功能，造成过敏反应，引起再生性障碍贫血（包括白细胞减少、红细胞减少和血小板减少等）。此外，该药还可引起肠道菌群失调及抑制抗体的形成，抑制肝药酶，影响其他药物在肝脏的代谢，使药效延长，或使毒性增强，目前已被较多国家禁用。

替代物：外用泼洒可用溴制剂或氯制剂替代，内服可用复方磺胺类、氟苯尼考等。

（3）呋喃唑酮（痢特灵）　该药内服后难吸收，肠道内药物浓度高，血液浓度低且迅速被破坏，难以维持有效的药物浓度，不宜用于全身性感染，只宜用于肠道感染和原虫病，故水产上用于治疗鱼的肠炎。呋喃唑酮的残留物，会对人体造成潜在的危害，可引起溶血性贫血、多发性神经炎、眼部损害和急性肝坏死等，目前已被欧盟国家等明令禁用。

替代物：泼洒可用氯制剂、溴制剂代替，内服可用新霉素（弗氏霉素）、复方新诺明（复方磺胺甲基异噁唑）替代。

（4）甘汞、硝酸亚汞、醋酸汞和吡啶基醋酸汞　汞对人体有较大的毒性，极易产生聚集性中毒，出现肾损害。汞制剂易富集，主要集中在肾脏，其次是肝和脑。汞主要经肾脏随尿排出，肾脏损害严重，在水产上主要用于治疗小瓜虫病。目前，已有多个国家在水产养殖上禁用这类药物，在观赏鱼养殖中防治小瓜虫病可以酌情考虑使用。

替代物：福尔马林泼洒 $15\sim25$ 克/米^3，隔天 1 次，连用 $2\sim3$ 次。亚甲基蓝泼洒 2 克/米^3，连用 $2\sim3$ 次。

（5）喹乙醇　该药主要作为一种化学促生长剂在水产动物饲料中添加，它的抗菌作用是次要的。

由于此药的长期添加，已发现对水产养殖动物的肝、肾等造成很大的破坏，引起水产养殖动物肝脏肿大、腹水，致使水产动物死亡。如果长期使用该类药，还会导致水产养殖动物产生耐药性，造成肠球菌广为流行，严重危害人类健康。

目前，该药剂在欧盟等已被明令禁用。

替代物：目前尚无效果好又可靠的替代物。

24 哪些水产养殖品种用药有禁忌？

除鳜对部分药物特别敏感外，以下一些水产养殖动物也对一些特定药物有强烈反应，在选用药物时要严加注意。

（1）乌鳢　对于硫酸亚铁、敌百虫、辛硫磷等药物十分敏感，要禁用或特别慎用硫酸亚铁防治乌鳢病害。

（2）淡水白鲳　对有机磷农药最为敏感，敌百虫、辛硫磷、孔雀石绿、甲苯咪唑等均应禁用。

（3）加州鲈　对敌百虫较为敏感，一定要慎用。

（4）青虾　对敌百虫等较为敏感，应谨慎使用；对敌杀死特别敏感，应严禁使用。

（5）罗氏沼虾　对敌百虫特别敏感，应严禁使用；漂白粉浓度应控制在 1 克/米^3 以下，硫酸铜在 0.7 克/米^3 以下，生石灰在 25 克/米^3 以下。

（6）黄颡鱼等无鳞鱼　对硫酸铜、高锰酸钾、敌百虫、辛硫磷、甲苯咪唑等药物比较敏感，要慎用。

（7）贝类　对硫酸铜、甲苯咪唑、阿维菌素、一水硫酸锌、硫酸乙酰苯胺、阳离子表面活性消毒剂等药物比较敏感，要慎用。

25 哪些药物需慎用才能避免产生药物不良反应？

用药时要注意养殖种类对药物的适应性，如敌百虫常用于鲢、鳙、草鱼和鲤等，而不能用于加州鲈、淡水白鲳。不同鱼类的不同生长阶段对同一药物的反应亦不相同，如草鱼、鲢等鱼类对硫酸铜较敏感，浓度超 1 毫克/升可致死，而淡水白鲳在其浓度达 5 毫克/升时仍无异常反应；草鱼、鲢等的鱼苗对硫酸铜和漂白粉的敏感性比成鱼大，鱼苗消毒时要慎用。

（1）甲苯咪唑溶液　按正常用量，胭脂鱼发生死亡；淡水白鲳、斑点叉尾鮰敏感；各种贝类敏感；无鳞鱼慎用。

（2）菊酯类杀虫药　水质清瘦，水温低时（特别是 20℃ 以下），对鲢、鳙、鲫毒性大；当沿池塘边泼洒或稀释倍数较低时，会造成鲫或鲢、鳙死亡。虾蟹禁用。

（3）含氯、溴消毒剂　当水温高于 25℃ 时，按正常用量将含氯、溴消毒剂用于河蟹，会造成河蟹死亡（在室内做试验则河蟹不会死亡），死亡率在 20%～30%。在水质肥沃时使用，会导致缺氧泛塘。

（4）杀虫药（敌百虫除外）或硫酸铜　当水深大于 2 米，如按面积及水深计算水体药品用量，并且一次性使用，会造成鱼类死亡，死亡率超过10%。

（5）外用消毒、杀虫药　早春，特别是北方，鱼体质较差，按正常用量用药，会发生鱼类死亡，特别是鲤，死亡率5%～10%，一旦造成死亡，损失极大。当水质恶化，或缺氧时，应禁止使用外用消毒、杀虫药。施药后48小时内，应加强对施药对象生存水体的观察，防止造成继发性水体缺氧。

（6）阿维菌素、伊维菌素　按正常用量或稍微加量或稀释倍数较低或泼洒不均匀，会造成鲢和鲫的死亡。海水贝类在泼洒不均匀的情况下，易导致死亡。内服时，无鳞鱼或乌鳢会出现强烈的毒性。

（7）内服杀虫药　早春，如按体重计算药品用量，会造成吃食性鱼类的死亡，死亡率10%～20%。

（8）辛硫磷　对淡水白鲳、鲷毒性大。不得用于大口鲇、黄颡鱼等无鳞鱼。

（9）碘制剂、季铵盐制剂　对冷水鱼类（如大菱鲆）有伤害，并可能致死。

（10）一水硫酸锌　用于海水贝类时应小心，有可能致死，特别注意使用后应增氧。

（11）代森铵和代森锰锌　不可用于鳜、黄颡鱼。代森铵用后易导致缺氧，使用后应注意增氧。

（12）维生素C　不能和重金属盐、氧化性物质同时使用。

（13）硫酸铜、硫酸亚铁　用药后注意增氧，瘦水塘、鱼苗塘适当减少用量；30日龄内的虾苗禁用；贝类禁用；广东鲂、鲟、乌鳢、宝石鲈慎用。

（14）硫酸乙酰苯胺　注意增氧，珍珠、蚌类等软体动物禁用；放苗前应先试水；鱼苗及虾蟹苗慎用。

（15）大黄流浸膏　易燃物品，使用后注意增氧。

（16）硫酸铜　不能和生石灰同时使用。当水温高于30℃时，硫酸铜的毒性增加，硫酸铜的使用剂量不得超过300克/（亩·

米），否则可能会造成鱼类中毒、泛塘。烂鳃病、鳃霉病不能使用。鳜禁用。

（17）敌百虫　虾蟹、淡水白鲳、鳜禁用；加州鲈、乌鳢、鲇、大口鲇、斑点叉尾鮰、虹鳟、章鱼、宝石鲈慎用。

（18）高锰酸钾　斑点叉尾鮰、大口鲇慎用。

（19）阳离子表面活性消毒剂　若用于软体水生动物，轻者会影响生长，重者会造成死亡。海参不得使用。

（20）盐酸氯苯胍　若做药饵，搅拌不均匀会造成鱼类中毒死亡，特别是鲫。

（21）季铵盐碘　瘦水塘慎用。

（22）杀藻药物　所有能杀藻的药物在缺氧状态下均不能使用，否则会加速泛塘。

（23）菊酯类和有机磷药物　除生物菊酯外，其余种类不得用于甲壳类水生动物。

（24）海因类　含溴制剂有效成分大于 20％的，在水温超过 32℃时，若水体内 3 天累计用量超过 200 克/（亩·米），会造成在蜕壳期内的甲壳类动物死亡。

26 鳜鱼池用药要注意哪几点？

（1）灭菌类和杀虫类药物的全池泼洒方法　由于鳜是底栖性鱼类，且有早晚捕食的习性，所以用药时间一般在 10：00 左右。因为，若用药时间过早，在池水溶氧偏低且部分鳜捕食后对水质要求高的情况下，将引起对鳜的损害。而傍晚用药往往引起鳜回食和少量死亡，亦应避免。另外，药物在兑水时，水量应多一些（每亩 75～100 千克）；在全池泼洒时，应尽量泼洒均匀。

（2）药饵的投喂方法　鳜在患有肠炎、严重烂鳃病和出血病时，需服用药饵。但鳜是捕食活鱼的，药饵需先由饲料鱼吃进肚中，再由鳜捕食，属间接服药法。药饵中药物的含量应为常规的 6～8 倍。药饵投喂前，应在鳜鱼池中放足饲料鱼（为鳜捕食 5～6 天的量），药饵投喂量为池中饲料鱼体重的 6％，第一至第三天投饵量不变，第 4 天起可按饲料鱼吃食情况酌减。如池中饲料鱼不足（采用每天添加饲料鱼的方法）或药饵投喂量不足，均将影响疗效。

（3）药物使用时要有信心和耐心　一要对症用药，二要按标准用药，三要有信心和耐心。药物作用有一个过程，不会今天用药明天就好，一般经一个疗程（或 3～4 天）后才见效。正常用药后需经 7～10 天才能再次用药。如果三天两头用药，反而会引起药害，加剧病症或增加死亡。

（4）注意部分药物要禁用　鳜对敌百虫、福美砷、氯化铜等较敏感；三氯异氰脲酸有较强的刺激性；硫酸铜、代森铵和代森锰锌使用后易导致水体缺氧。因此，鳜鱼池中不宜使用这些药物。

27 投喂内服药饵应该注意什么？

（1）选用病原体敏感性强、抗菌谱窄的的药物。

（2）治病时不能急于求成，不能盲目增加用药量，或配合使用多种抗生素，以致增加病原体的耐药范围，引起"二重感染"，给今后的治疗带来困难。

（3）多用替代品。抗生素在饲养环境条件差的情况下使用效果比较好，而在良好的饲养环境下其效果就不是很明显。因此，养殖户完全可以通过加强管理，改善饲养条件，减少抗生素的使用，或者采用其他替代品而不用抗生素添加剂。

（4）合理配伍，避免颉颃。使用抗生素时，一方面要定期轮换使用；另一方面还可以根据不同抗生素之间的特点配合两种或多种抗生素使用，以达到低剂量高效力的协同使用效果。

（5）用成品药剂。一些人以为某种药物的药剂好，其原粉药必然更好。其实并不尽然，因为把原粉药制成药剂是一个非常复杂的过程，成品药剂是经过科学加工，并配合多种抗、耐药性物质及增效成分等，以克服原粉药吸收率低、生物利用率低、毒性大、易产生耐药性、效果不理想等缺陷，才应用于临床的。因此在防治水产动物疾病时，应尽量使用安全可的靠成品药剂。

（6）足量使用，用完治疗周期。

二、水质调控篇

28 影响养殖水质的主要因子有哪些？

影响养殖水质的主要因子有五个：

（1）溶解氧　养殖用水的溶解氧（DO）在一天 24 小时中，必须有 16 个小时以上时间大于 5 毫克/升，任何时间不得低于 3 毫克/升。

（2）pH　海水养殖 pH 一般控制在 7.0～8.5，淡水养殖 pH 一般应保持在 6.5～8.5。

（3）氨（NH_3）　氨是水产动物的剧毒物质，水产养殖生产中，应将氨的浓度控制在 0.5 毫克/升以下。

（4）亚硝酸盐（NO_2^-）　亚硝酸盐在水产养殖中是诱发暴发性疾病的重要环境因子，其含量应控制在 0.05 毫克/升以下。

（5）硫化氢（H_2S）　硫化物与泥土中的金属盐结合形成金属硫化物，致使池底变黑，这是硫化氢存在的重要标志。养殖用水的 H_2S 浓度，应严格控制在 0.1 毫克/升以下。

29 养殖水质好的标志是什么？

养殖水质好的标志是"肥、活、嫩、爽"。

"肥"——水质肥，天然饵料丰富，浮游生物多，易消化的种类多。

"活"——水色不死滞，随光照和时间不同而常有变化，这是浮游生物处于繁殖盛期的表现。

"嫩"——水色鲜嫩不老，也是易消化浮游生物较多、细胞未衰老的反映。如果蓝藻等难消化种类大量繁殖，则水色是灰蓝或蓝绿色的，或者浮游生物细胞衰老，均会降低水的鲜嫩度，变成"老水"。

"爽"——水质清爽，水面无浮膜，混浊度较小，透明度一般大于25厘米，水中含氧量较高，能满足养殖对象对溶解氧的需求，有利于有机物的分解转化。

 如何用肉眼观察养殖水质的好坏？

一看水的颜色。池塘由于施肥品种与施肥季节的不同，呈现不同的水色。一般来说，肥水池的正常水色可分为两类：一类以油绿色为主；另一类以茶褐色为主。这两类池水均含有大量易被鱼类等水产动物消化吸收的饵料生物，是适合于养殖的塘水。

二看水色变化。水色的变化是池水"活"的证明，它有日变化和旬、月变化两种情况。一般易被鱼类利用的浮游生物大多具有明显的趋光性，由此形成池水透明度的日变化。此外，每10～15天水色浓淡呈周期性的交替变化，这就是旬、月变化。凡是水色会变化的池塘是一塘"活水"，否则就有可能是一塘"瘦水"或"老水"。

三看水面有无"水华"出现。所谓"水华"是指池塘水面出现一层云斑状有色漂浮物，这是由于某些浮游生物大量繁殖所致。有一定水华的池水属于好的池水，其中，多数浮游生物能被养殖对象（鲢、鳙、鲫和罗非鱼等）摄食、消化，对它们的生长极为有利。但这种水溶氧量低，如遇到天气突变时，不仅易出现鱼、虾浮头，而且长期缺氧易导致藻类大量死亡，使池水变样、发臭，出现泛塘。

四看池塘下风处的油膜。没有水华的池塘，可从其下风处水面油膜颜色、面积大小来衡量水质的好坏。一般肥水池下风处的油膜多、沾黏、发泡，并有日变化现象（即上午比下午多），上午呈黄褐色或烟灰色，下午呈绿色，俗称"早红晚绿"。如果水面长期有一层不散的铁锈油膜，则说明池水瘦。

五看透明度。池水透明度的大小，可以大致反映池水中饵料生物的多少，即池水的肥瘦。一般透明度 30 厘米左右为中等肥度的水，透明度小于 20 厘米的为肥水，大于 40 厘米的为瘦水。

31 如何观察池塘水色？

不同的水体中生长着不同的藻类，而不同的藻类又含有不同的色素，从而造成池水的颜色不一致、浓度不一样。

水色呈黄绿色、草绿色、油绿色、茶褐色且清爽，表明水质浓淡适中，在施用有机肥的水体中该种水色较为常见，在养殖生产中称之为好水。黄绿色以硅藻为主，绿藻、裸藻次之；草绿色以绿藻、裸藻为主；油绿色的藻类主要是硅藻、绿藻、甲藻和蓝藻；茶褐色以硅藻、隐藻为主，裸藻、绿藻、甲藻次之。

水色呈蓝绿色、灰绿色而混浊，天热时常在下风处水表出现灰黄绿色浮膜，表明水质已老化，以蓝藻为主，而且数量占绝对优势。

水色呈灰黄色、橙黄色而混浊，在水表有同样颜色的浮膜，表明水体的水色过浓，水质恶化，以蓝藻为主，且已开始大量死亡。

水色呈灰白色，表明水体中大量的浮游生物刚刚死亡，水质已经恶化，水体严重缺氧，往往有泛塘的危险。

水色呈黑褐色，表明水质较老且接近恶化。可能是施用较多的有机肥、水体中腐殖质含量过多，以隐藻为主，蓝藻次之。

水色呈淡红色，且颜色浓淡分布不匀，表明水体中的浮游动物繁殖过多，藻类很少，溶氧量很低，已发生转水现象，水质较瘦。

32 如何培育适宜的水色？

培育绿色水的方法：绿色的水质以绿藻为主。在晴天的时候，第一天上午泼洒活而爽 1 000 克/亩，第二天上午再泼洒尿素 1 000 克/亩，即可得到较好的绿色水质。

培育褐色水质的方法：褐色的水质是由小球藻、金藻、硅藻大量繁殖而成的。晴天时，第一天上午泼洒活而爽 1 000 克/亩和尿素 1 000 克/亩，第二天上午泼洒光合细菌 500～1 000 毫升/亩，即可得到褐色水质。此方法培育的水色比较稳定，如注意维持，可长期保持。

培育金黄色水质的方法：金黄色的水质主要是由金藻类大量繁殖而成的。第一天上午泼洒肥水素 150 克/亩，第二天使用光合细菌 1 000 毫升/亩加活而爽 1 000 克/亩浸泡后全池泼洒，即可得到金黄色水质。养殖过程中注意每隔 10～15 天，泼洒光合细菌和活而爽的合剂予以维持。

33 不良水质应如何调控？

水质变黑、发蓝的处理方法：这种情况是由于藻类老化、丝状藻类繁殖过剩造成的。针对这种情况可以在第一天用克藻灵全池泼洒，第二天上午使用增氧底保净 3 000 克/亩，第三天全池泼洒光合细菌或超浓芽孢精乳 800～1 000 毫升/亩。

绿色水变黄、变混浊的处理方法：这种情况是绿藻大量死亡，底质恶化形成的。可在第一天上午使用增氧底保净 3 000 克/亩全池泼洒，第二天使用肥水素 150 克/亩，第三天使用光合细菌 1 000 毫升/亩全池泼洒。

褐色水变淡或变红的处理方法：这种情况是硅藻老化、杂藻繁殖过盛形成的。可在第一天使用克藻灵全池泼洒，第二天上午使用增氧底保净 3 000 克/亩加光合细菌 500～800 毫升/亩全池泼洒。

养殖后期水色过浓的处理方法：第一天使用克藻灵加降硝氨全池泼洒，第二天全池泼洒增氧底保净和光合细菌的合剂。

34 油膜产生的原因有哪些？如何控制？

油膜很多的话，能够封在池塘水体表面，阻碍空气与水体交换，会导致水体流动性差，导致水体缺氧，缺乏碳元素补充。容易滋生更多的有害虫及有害细菌病毒，并会被养殖动物食用，导致肠炎病的发生。

（1）动植物及藻类尸体腐烂后形成的物质，常见于清塘不彻底的池塘。

（2）鲜鱼或冰鱼投喂后产生的（未经清洗投喂会更多）。

（3）养殖动物肠胃消化腺病变，导致吃下去的饵料并不能完全消化吸收，便排出体外了。

（4）淤泥厚的池塘于养殖中期底热返底，造成的底层有机质释放。

可采取以下解决方案：

（1）下风口油膜聚集区人工用水舀捞除。

（2）全池泼洒鑫洋血尔或者优水爽。

（3）针对池底使用底居安等改良底质产品。

35 养虾池水体突然变清是什么原因？应如何处理？

水体突然变清是由于水体中的浮游生物大量死亡所致，多发生于暴雨过后或过量使用消毒剂之后。

此时不要使用无机肥，使用之后可能越用越清，甚至起青苔。正确的方法是在少量换水后使用活而爽（5亩/包）泼洒，若配合使用超浓芽孢精乳（2亩/瓶），则效果更佳，或用活而爽与光合细菌的混合浸泡液，晴天上午全塘泼洒，可以快速肥水，并调节水质。

36 处理变水有何解决方案？

变水也称转水，一般发生在阴天或雨天，池水会突然变清、变红或成灰白色，透明度迅速增大，严重时造成鱼类缺氧死亡。变水是由于阴雨天光合作用停止、藻类大量死亡引起的。藻类死亡后有机体分解要消耗大量溶解氧，而且有些藻类死亡后会产生毒素，此时池塘内氧气严重不足，氨氮含量会迅速升高，这将给鱼类带来灭顶之灾。

水体突然变红是由于甲藻、金藻等异常繁殖造成的。甲藻直接分泌毒素，或在死后产生毒素，直接为害鱼类健康。有些藻类吸附于动物鳃上而引起窒息死亡；在后期由于大量生物死亡分解消耗大量的氧气，引起水质败坏、发臭，水体变色、变清。

应采取综合措施处理变水：

（1）日常管理时应防止水色过浓，透明度低于 20 厘米就应采取杀藻措施，一般使用克藻灵 200 克/亩，会有很好的效果。但千万注意，杀藻后应使用沸石粉 25 千克/亩左右，以防死亡的藻类发酵产生毒素对鱼体造成伤害。

（2）一旦发生变水，应立即换水 1/3，并施沸石粉 30 千克/亩。在晴天的情况下，使用肥水素 100～200 克/亩或活而爽 1 千克/亩，一般 2 天就可恢复正常水色。

（3）经常使用利生素加强型，以保持水色稳定。

37 何为"倒藻"？该怎么处理？

"倒藻"就是养殖水体中的藻类大量或全部死亡，导致水色骤然变清或变浊，甚至变红（硅藻）。其中变浊又有黄浊、白浊和粉绿色的混浊之分。

发生"倒藻"时，水体中的理化因子和浮游生物品种即刻产生很大的变化。①溶解氧会下降，二氧化碳会增加，这是由于水中少了进行光合作用的藻类而引起的；另外，二氧化碳增加后又会使 pH 迅速下降，一般会在 7.5 以下。②由于大量死藻的分解，除了会加大氧的消耗外，往往还会产生氨氮和亚硝酸盐（因为藻类本身是氨循环中的一个环节），而且大量的死藻又会使池塘本身的自净细菌负担不起，特别是遇上阴雨天时更明显。③就是水中的原生动物会大量繁殖起来，反过来又会抑制藻类的生长。还有就是水中悬浮物（微尘、粪便、死藻等）成混浊状态，平时这些物质主要是靠藻类来沉降的。

发生"倒藻"的原因：一是天气原因，主要是气温的突变；二是人为的管理不当，包括施肥补肥的时机把握不好，换添水的时间、数量不对，换添水之后没有及时保肥，消毒剂用量和消毒时间不当等。

"倒藻"的处理方法：

（1）多开增氧机，经常改底和稳定水质，以保持水质稳定。

（2）不要用化肥和颗粒型有机肥（如鸡粪、猪粪等）肥水，化肥肥水时间不长久，来得快去得也快，长的都是小型藻类，水色不稳定，并且 pH 偏高，容易引起应激和鳃肿等；颗粒型有机肥容易造成底脏、底臭，滋生大量有害生物。适当的泼洒氨基多肽肥水膏和菌满多，培养以硅藻为主的水体，这样水体既有合适的透明度，又能保证水体有很好的溶氧。

（3）当遇到天气变化可以提前改底，加大增氧力度；在养殖过程中尽量少消毒，应当以解毒为主；因缺氧引起的"倒藻"，可以进行改底，晚上连续用"底加氧"。一旦出现"倒藻"，应及时增氧、解毒、防应激，切忌肥水。稳水最关键的地方在于合理控料，不要有拔苗助长的心理，在符合养殖动物生理特点的条件下进行操作。

38 虾塘水体变混浊、呈乳白色，有何危害？怎样治理？

每年夏季往往会发生虾塘的水色由褐色或绿色变混浊、呈乳白色的状况。这种状况产生的原因，主要是天气突变，如阴雨天、暴雨和大暴雨等，浮游植物死亡，导致缺氧，或浮游动物暴发性繁殖，大量摄食藻类。如果池塘透明度较高，浮游植物繁殖数量不能满足浮游动物的需要，浮游动物就会把浮游植物吃光，从而导致水体失去原来水色而变混浊。因为，池塘中的水色和透明度是由池塘中的浮游植物种类和数量决定的。

混浊水的主要危害性在于造成池塘缺氧。因为池塘中氧气的主要来源是浮游植物的光合作用。据报道，浮游植物光合作用产生的氧气的含量，占海水池塘溶氧收入的 91.3%～95%，而大气的扩散作用在池塘溶氧收入中仅占 5.3%～7.8%。池塘水混浊，意味着池塘中浮游植物极少，当然光合作用也就极少，产生氧气自然减少。

混浊水除了造成供氧量减少，影响对虾呼吸与生长外，还可以导致水质恶化。因为池塘底质中存在大量对虾排泄物、残饵和生物尸体，这些物质在含氧量充足的情况下，易进行氧化反应，有害的物质（如氨氮、亚硝酸和硫化氢等）就越来越少；池塘底质在缺氧情况下，还原反应增多，有害物质越来越多，导致对虾应激，病害由此发生。

治理混浊水有如下方法：

（1）使用消毒药物，杀死部分浮游动物。用富氯按照 150 克/（亩·米）用量，在傍晚或黎明前沿池边泼洒，半小时后使用鑫洋混杀威按 20 毫升/（亩·米）用量沿池边泼洒，可以有效杀灭浮游动物。

（2）停止投料 1～2 餐。目的是让虾饥饿，抢食部分浮游动物，减少浮游动物数量，方便培养藻类。

（3）换水 5～10 厘米。换水的目的是补充藻种。因混浊水中藻种很少，藻种少培养藻类更困难，故必须增加藻种含量，方便肥水，以便能在较短时间内把藻类培养起来。如果自己养殖的相邻池塘正在养虾或养鱼，水色也好，且没有其他病害，可抽些过来，补充藻类，效果也很好。

（4）立即施肥，并结合施用底质改良剂、微生物制剂，如肥水素、增氧底保净及光合细菌等。所用肥料尽量选用无机肥，不用有机肥。

39 蓝藻过量繁殖有何危害？怎样杀灭？

蓝藻是养鱼池塘中常见的藻类之一，数量多时易对养殖生产产生危害。

（1）鱼类不喜摄食蓝藻，且难以消化，会影响鱼类对其他饵料生物的利用。

（2）水体生物多样性急剧降低。蓝藻大量繁殖恶化了池水的通风及光照条件，抑制了鱼池中浮游生物有益种类的生长繁殖，阻碍藻类的光合作用，挤占鱼类易消化藻类的生存空间，使鱼池中的丝状藻和浮游藻等不能合成本身所需的营养成分而死亡。

（3）蓝藻大量繁殖以及死亡藻类的分解，消耗了大量的溶解氧，导致水体缺氧甚至无氧，从而易导致养殖水体发生泛塘。

（4）蓝藻大量死亡时容易败坏水质，可产生藻毒素、大量羟胺及硫化氢等有毒物质直接危害水生动物。

（5）死亡的蓝藻释放大量的有机质，刺激化能异养细菌的生长，其中部分对鱼类来说是致病菌，导致继发感染细菌性疾病。

（6）蓝藻大量繁殖时，散发腥臭味，影响水体的正常功能。

（7）发生蓝藻水华时水体的理化指标常常超出水生动物的忍受限度，从而引起死亡。如池塘中蓝藻白天的光合作用，可以使 pH 上升到 10 左右，超过一些水生动物的忍受限度而使其死亡。

（8）少用磷肥。

杀灭方法：用蓝藻净局部泼洒，隔天再进行 1 次即可，注意增氧。

40 青苔水如何处理？

青苔问题一直是水产养殖前期的疑难问题，经常听到养殖户反映杀青苔的药物效果不佳，其实是天气原因影响的，杀死一部分，下雨又生长出一部分，相当于没有杀。危害水草常见青苔有 3 种，分别为水绵、刚毛藻和水网藻。防控青苔主要有以下关键点：

（1）通过生物肥肥水，降低水体透明度，切断光照来源，青苔就会逐渐萎缩死亡。特别是青苔高发季节，少量青苔出现时，及时选择连续晴天，使用生物肥肥水；大量出现时，也可以用克藻灵和腐殖酸钠杀灭，再用氨基多肽肥水膏肥水防控。

（2）青苔不轻易捞，因为青苔是断裂生殖，捞动后就相当于帮助青苔繁殖体传播。到了非捞不可的时候，捞完后用青苔药物控制，否则只会越捞越多。

（3）连续阴雨天要特别注意雨后青苔疯长，最好用少量的克藻灵或腐殖酸钠来抑制青苔生长。

41 池塘中微囊藻过量繁殖有什么危害？如何处理？

池塘中的微囊藻主要是铜绿微囊藻及水华微囊藻，繁殖的最适温度为 28～30℃，适合 pH 为 8～9.5。大量繁殖后在水面上形成一层翠绿色的水花，又称为"湖靛"。当微囊藻大量繁殖、死亡后，分解产生羟胺、硫化氢等有毒物质，使水产动物中毒、死亡。中毒的鱼体中枢神经和末梢神经系统失灵，兴奋性增加，急剧活动、身体痉挛，身体失去平衡。

防治措施：①池塘彻底清淤消毒。②掌握投饲量，经常加注新水。③定期使用光合细菌等调节水质，不使水中的有机质含量过高。④使用碱消等调节水体 pH，防止 pH 过高。⑤清晨或有微风的时候，在藻类集中的区域，泼洒生石灰、硫酸铜、克藻灵等杀藻类药物；用药几个小时后开动增氧机，防止浮头；第二天使用增氧底保净吸附水中的毒素，改良水质。

42 三毛金藻过量繁殖有什么危害？如何处理？

三毛金藻大量繁殖时，向水中分泌细胞毒素、溶血毒素和鱼毒素等多种毒素，可使鱼类和水生动物中毒死亡。养殖鱼类中鲢、鳙最为敏感，其次是草鱼、鲂、鲤、鲫和梭鱼等。

三毛金藻为广盐性藻类，最适含盐量为 0.3%～0.5%。水温在 -2℃ 时，仍可生长，并能对鱼类产生危害，30℃ 以上生长不正常，但在高盐度（含盐 3%）的水中，即使高温也能很好地生长。三毛金藻最适生长的 pH 为 8.0～9.0，当 pH6.5 时仍能生存。因此，凡碱度高、盐度高、透明度大、有机质含量少且缺磷的池塘，在冬、春低温季节三毛金藻易大量繁殖。三毛金藻怕阳光，故表层水中比 0.4 米以下水域中的三毛金藻要少得多。

当水中有大量三毛金藻时水呈棕褐色，透明度大于 50 厘米，水中的含氧量多在 8～12 毫克/升，总氨量小于 0.25 毫克/升。

三毛金藻中毒一年四季都可发生，只是夏季水温高，水中蓝藻、绿藻大量繁殖，可抑制三毛金藻的生长，因此很少发生罢了。

冬季和早春水温较低，其他藻类繁殖缓慢，而三毛金藻能耐低温，所以易形成优势种群，造成危害。

三毛金藻的毒素被阳离子激活后，在 pH9.0 时毒性最强，pH7.5 以下毒性迅速降低，当 pH6.0 时，毒性消失。但在数天之内毒性的变化是可逆的，所以三毛金藻中毒一般发生在偏碱性的水中。

三毛金藻的毒素引起鱼类中毒是一种麻痹性中毒。初期鱼类焦躁不安，呼吸频率加快，游动急促，方向不定；经过短时间后就渐渐平静下来，反应迟钝，鳃分泌大量黏液，鳍基部充血，鱼体后部颜色变浅，呼吸缓慢，向池塘的背风浅水处集中，排列无规则，受到惊扰能较快速地游到深水处，不久又返回池边；随着中毒时间的延长，鱼布满鱼池的四角及浅水池边，大都头朝岸边，排列整齐，在水面下静止不动，也不浮头，受到惊扰也毫无反应，自胸鳍以后的鱼体麻痹、僵直，尾鳍、背鳍均不能摆动，只有胸鳍尚能缓慢活动，但鱼体不能前进，呼吸极为困难而微弱，鳃盖、眼眶周围、下颌及体表充血，但也有体表不充血的，最后失去平衡而死。有的鱼死后鳃盖张开。鱼的死亡时间随水温升高而缩短。

防治措施：①在冬季和早春保持池水适当的肥度是预防三毛金藻中毒的最好方法。若越冬前期透明度较大，可适当补施一些硫酸铵、过磷酸钙等化肥，使总氨稳定在 0.25～1 毫克/升。②全池泼洒 0.3% 的黏土泥浆水吸附毒素，中毒鱼类可恢复正常。③使用克藻灵杀灭藻类，然后用增氧底保净吸附水中的毒素。④先抽出30～50 厘米池水，加入其他池塘老水（含藻种较多），并追施活而爽，用量 5 亩/袋。

43 甲藻过量繁殖有何危害？如何控制？

当甲藻大量繁殖时，在阳光照射下呈红棕色，故称之为"红水"。多甲藻和裸甲藻都喜欢生长在含有机质多、硬度大、水温较高、微带碱性的池塘和小型湖泊中，它们对水环境的改变很敏感，如水温、pH 突然改变时，都会大量死亡。甲藻多数为水产动物的天然饵料，但上述一些种类，吃了不易消化；池塘中大量繁殖的甲藻死后产生的甲藻素，会引起水产动物死亡。

控制甲藻过量繁殖的方法：①发现甲藻大量繁殖时，应立即进行换水，改变池塘的水温、水质，以抑制甲藻繁殖。如甲藻仍不死，可每立方米水体投放 0.7 克硫酸铜或螯合铜进行杀灭，也可以用克藻灵或富氯局部泼洒进行杀灭。②先用粗盐按 10 千克/亩用量全池泼洒，第二天施用底好、大蒜素合剂，第三天用活而爽全池泼洒，3~4 天后水色可转为豆绿色或黄绿色。

44 池塘水体过肥或过瘦，怎么调节？

（1）水体过肥　一般水体过肥多发生于夏季，天气炎热、投饵量增加、有机质增多造成水体过肥，藻类繁殖过剩或者老化，此种情况应以调节水质为主，可使用光合细菌和肥水素浸泡泼洒的方法来改善水质条件，并定期加注新水。

（2）水体过瘦　多发于春秋季节，在春季可使用发酵后的有机肥肥水，或者使用活而爽直接肥水，在水质改善的 3 天后可使用磷酸二氢钙进行追肥；若发生在秋季，此时水中还含有一定的有机物，但并未被水体吸收，可泼洒光合细菌、肥水素和磷酸二氢钾的浸泡液，促进营养物质吸收。

45 池水变坏有何征兆？

（1）水色呈黑褐色带混浊，是由池中腐殖质过多，腐败分解过快所致。这种水往往偏酸性，不利于天然饵料的繁殖和鱼的生长。

（2）水面出现油绿色的浮沫或粒状物，一般是蓝绿藻大量繁殖所致，而蓝绿藻类又大多不能作为饵料被鱼利用，反而会消耗水中的营养物质，拖瘦水质，抑制可消化藻类的繁殖，影响鱼的生长。

（3）水面有浮膜（俗称"油皮"），是水体中生物死亡腐败后的脂肪体黏附尘埃或污物后形成的，多呈灰黑色，鱼吞食后，不利于消化；同时，浮膜覆盖水面也影响氧气溶于水中。

（4）水面上常有气泡上泛，水色逐渐转变，池水发涩带腥臭，是由腐殖质分解过程中产生的碳酸、硫化氢、氨氮、沼气造成的，这些气体都具有毒性，对水产养殖动物有一定的危害。

（5）鱼的活动反常，有时在水面旋转打团，久不下沉（某些鱼病也有此种现象）；有时浮头起来后，迟迟不能沉入水中。

46 为什么开增氧机时有"水色"，不开时水较清？

此现象由于有机质过多引起。养殖中后期，水色偏浓，透明度过低，水体分层严重，而且投喂量大，同时水体缺氧，这种水体往往肥水效果不好，吃料情况不佳，并有零星死亡现象。氨氮、亚硝酸盐高，水体毒性大，时间一长容易造成大量"倒藻"，有机质急剧增加。

可采取以下解决方案：

（1）减料。

（2）使用解毒专家和解毒护水安全池泼洒，晚上用底加氧改良底部状态，连用2次。多使用活菌制剂，稳定藻相、菌相。

47 池塘上风口与下风口水色为什么不一致？

到了养殖中后期，随着投料的增加和一些藻类死亡水体有机质增加，这样的水体容易长鞭毛藻，而不同的鞭毛藻有不同的颜色，同一藻种又喜欢聚群，造成水体水色变化。这种藻类白天光合作用强，pH较高，晚上沉入水底大量耗氧，且藻毒素大，对养殖动物生长不利。

可采取以下解决方案：降低池塘水位，同时用解毒专家解毒，使用底居安改良底质，减少有机质和耗氧物质，加快水体净化速度，改善池塘环境。

48 为什么池塘的泡沫或黏性丝状物增多？

（1）藻类丰富，在晴天中午或下午pH偏高，水体缺乏二氧化碳，光合作用停止，有的藻类因此"饿死"，产生大量泡沫，此时应多开增氧机。

（2）阴雨天过后，藻类或浮游生物死亡后分泌出的是一些油滴和淀粉，所以水面也会出现大量油膜及泡沫，是水质恶化的表现。此时应泼洒解毒专家解毒以加快水体净化速度，如果情况严重，增加使用次数并用底居安加底加氧改底增氧。

（3）投饵量过大，池塘底部有大量残饵，水面及池边常有黏性物浮起，此时要控制喂料量。

49 影响池塘水体 pH 变化的主要因素有哪些？

水体的 pH 由氢离子的浓度决定，是水体中若干化学物质和离子综合作用的集中表现。同时，pH 反过来又决定水体中的很多化学过程和生物过程，如 H_2S 和 NH_3 等有毒物质，由于水体 pH 的不同表现形式不同，而毒性也不同。pH 对不同生物过程有着不同程度的影响，如 pH 过低时会使鱼虾浮头，等等。

（1）池塘土质及溶出物　土壤的溶出物会直接影响池水的 pH，酸性土壤会引起水体 pH 偏低，这在南方红树林地区是很常见的。但在沿海地区，盐碱地的池塘 pH 会偏高。

（2）水源　基础水源的 pH 直接影响池塘的 pH，引进新水时，务必检验水体的 pH，以防引进被酸、碱污染的水源。此外，大量换水时会引起池塘 pH 的变化。

（3）水的硬度　影响水体 pH 的变化最重要的原因是水中游离二氧化碳和碳酸盐的平衡系统。当水中二氧化碳被消耗时，如果水体硬度不足，pH 就会升高。水体硬度能缓冲 pH 的变化。因此，养殖水体必须保持一定的硬度。

（4）水体中的生物量　当水体中生物量增大时，会影响水体 pH 的变化。特别是在浮游植物大量繁殖时，水体的 pH 会达到很高的水平，有时 pH 可能超过 10。其原因是浮游植物繁殖，大量消耗水体中的二氧化碳，如果此时水的硬度太小，这时 pH 就会剧烈升高。这种情况特别容易发生在夏天的 16：00～17：00。

50 pH 对养殖生物和水质有何影响？

pH 是养殖水质状态的晴雨表，通过监测 pH，可以深入解读水质及鱼虾的状态，进而采取相应的技术调控措施，是养殖水质管理的重要手段。

（1）酸性水（pH 小于 6.5）对水质的影响 浮游动植物不易繁殖，水体透明度会加大，易引起缺氧。

浮游植物的光合作用和微生物的生命活动受到抑制，影响整个水体的物质代谢和转换。

增大了硫化氢等有害气体的毒性，但减轻了氨的毒性。pH 低于 6 时，水中 90% 以上的硫化物以硫化氢的形式存在，大大增加了硫化物的毒性。

（2）酸性水（pH 小于 6.5）对养殖生物的影响 使鱼虾血液的 pH 下降，削弱其载氧能力，造成生理性缺氧。鱼虾代谢急剧下降，使鱼虾长期处于饥饿状态。pH 过低（小于 4）时，会直接造成鱼虾死亡。

长时间 pH 过低，会引起鱼鳃部溃烂，引起浮头。

鱼类酸中毒的表现是体色明显发白。同时，水生植物呈现褐色或白色，水体中会存在很多死藻或濒死的藻细胞。

（3）碱性水（pH 大于 9）对水质的影响 水中蓝绿藻等有害浮游植物会繁殖过盛，增大水体毒性。

急剧增大氨的毒性，pH 高于 8.8 时，水体中的铵会以分子氨（NH_3）的形式存在，分子氨对鱼虾是剧毒的。

（4）碱性水（pH 大于 9）对养殖动物的影响 造成鳃部腐蚀，鳃呈充血状，出现白鳃、黑鳃等，鳃部有大量分泌凝结物。体表有大量黏液，甚至可以拉成丝。

鱼类碱中毒的表现：因刺激而狂游乱窜，水体中存在许多死藻或濒死藻细胞。

51 水体 pH 为什么会过低？如何调控？

pH 偏低（小于 6.5）一般由水源引起，这在酸雨、红树林地区比较常见。此外，沿海地区 7～8 月多雨季节，如果连续几天打雷下雨，很容易出现 pH 偏低的情况，此时，池塘的表现是鱼浮头，但开增氧机和施增氧剂不管用。

紧急措施：用生石灰调节，每次亩用量为 10～15 千克，宜少量多次，防止 pH 剧烈波动，引起鱼虾应激反应。

常规管理：①使用克藻灵或塘毒清控制肥度，防止藻类过度繁殖；②每 15～20 天使用一次超浓芽孢精乳或超活力光合细菌，以分解有机物、稳定水色，防止变水；③常规消毒时使用鑫醛速洁等不引起 pH 变化的消毒剂。

52 pH 高怎么办？

在生产实践中，养殖户朋友经常遇到水体偏碱的现象，注意我们这里说偏碱是水体 pH 在 8.8 以上的现象，有些达到 9.0 以上。一旦鱼苗水体出现偏碱现象后，水花成活率不高，鱼苗不摄食，既影响成活率又影响长势，有时会出现急性死亡现象。

出现这种情况的原因有以下几种：①生石灰清塘后，水体的碱性还没有消失，间隔时间太短；②水体中某些产碱藻类繁殖旺盛引起；③池塘所在的底质、土壤含碱类物质，如盐碱地等引起。

建议处理方案：①待生石灰碱性消失后再纳水放鱼，同时泼洒碱消；②加入新鲜地下水，开启增氧机，泼洒食用白醋 5 千克/（亩·米）；③加开增氧机，增强曝气能力，并使用解毒专家解毒后，晴天上午使用超浓芽孢精乳加光合细菌，并控制产碱藻类繁殖，减少其单位数量，从而帮助有益藻类繁殖，降低 pH。

53 如何综合治理水体中氨氮和亚硝酸盐过高？

在精养池塘中，氨氮和亚硝酸盐过高是一个很普遍的现象。可以说没有办法彻底解决，只能采取综合治理的措施。

为防止出现氨氮和亚硝酸盐超标，日常管理中应该采取以下综合措施：

（1）注意投饵要适量，不要过剩。

（2）注意不要使水中缺氧，经常开增氧机或施增氧剂。

（3）不要使水色过浓，防止水华。

（4）使用塘毒清或二氧化氯做常规消毒。

（5）使用肥水素肥水，特别对于氨氮经常超标的池塘不要使用有机肥肥水。

（6）使用增氧底保净改善底质。

一旦发生氨氮、亚硝酸盐超标，应采取以下措施解决：

（1）通常情况下，首先要使用碱消降低水体pH，使pH降到8以下，然后使用沸石粉和降硝活水素全池泼洒，在此情况下加开增氧机，这样会有效降低氨的含量和毒性。

（2）亚硝酸盐含量过高，可全池泼洒塘毒清或粗盐［10千克/（亩·米）］，但粗盐效果没有塘毒清好。

（3）氨氮过高，水质较瘦，可施用肥水素加过磷酸钙［10千克/（亩·米）］，在晴天白天尽量不开增氧机，2～3天有效。

54 如何处理水中的过量硫化物？

养殖池塘中的硫化物主要是通过硫酸盐的异化还原过程而形成的，硫化物的另一个来源是生物的代谢产物、残剩饵料等有机质的含硫氨基酸在沉降于底质的过程中被微生物分解利用而产生。由于硫化氢是一种弱酸，当水体底质呈现酸性时，硫化氢的浓度增高，毒性也随之加大。

当硫化氢的含量超标时，可采取以下办法处理：

（1）全池泼洒塘毒清。利用其强氧化性，将硫化氢转换为无毒的硫酸盐。

（2）全池泼洒增氧底保净和光合细菌，用量分别为3 000毫升/亩、1 000毫升/亩，同时开动增氧机。

（3）在饵料中加入维生素C钠粉和环肽免疫多糖来提高鱼体的抗应激能力。

55 老化池塘如何治理？

（1）改善养殖条件　进行清淤、清底等有效的底质改造，配套增氧设施。

（2）采取半精养养殖　合理放养，对于以前的高产池塘应当适当减少放养密度。

（3）半封闭式控水　对于引进的水源要进行消毒和晾晒后才能入塘。

（4）应用微生物技术营造良好的水体环境　定期使用光合细菌等有益微生物分解水中的有机杂物、氨氮和亚硝酸盐等。

（5）使用底质改良剂　老化池塘最大的问题就是池底淤泥，可以通过使用底质改良剂来解决，最好的方法就是同时使用增氧底保净和光合细菌。

（6）病害防治　除了定期施用微生物制剂外，还需要定期投喂维生素 C 钠粉、复方磺胺甲噁唑等内服抗菌类药物。

56 如何防止拉网后鱼体出血（发红）、死亡？

在拉网之前或台风将来临、水体发生转水时，可以全塘泼洒鑫洋泡腾 C、环肽免疫多糖，对于有效防止死鱼以及由于各种应激反应导致的出血病效果非常好。

在拉网前一天按 300 克/（亩·米）、300 克/（亩·米）、130 克/（亩·米）全池泼洒敌百虫、硫酸铜、硫酸亚铁合剂，也可明显缓解拉网后鱼体出血、死亡。

57 施肥时要注意哪些事项？

（1）不要雨天施肥，闷热天气、高温季节谨慎施肥，防止肥料在池塘中大量积累造成水体缺氧。

（2）水质发混、鱼病暴发期间谨慎施肥。

（3）一次性施肥不能过量，尤其是溶解氧较低的时候。

（4）施肥后不能抽调表层水。

（5）注意水体的 pH，不能盲目混用酸性肥料和碱性肥料，如生石灰和过磷酸钙。

（6）不要单施化肥，要求氮、磷、钾比例为 4∶4∶2。

58 为什么池塘多次施肥效果不理想？

有些养殖池塘施用多次肥水产品，但是却达不到肥水的效果，主要原因有以下几点：

（1）池内有害细菌或浮游动物的大量滋生，抑制了浮游藻类的生长。

（2）由于重金属离子等有害物质的严重超标，抑制了浮游生物的生长。

（3）池塘严重老化，池底酸化、结板，水、泥间物质交换停滞，抑制了浮游藻类的生长。

（4）池内丝状藻、青苔滋生，吸收大量营养物质，抑制了浮游藻类的生长。

（5）放苗前用药剂量过重，药物残留影响浮游植物繁殖。

可采取以下解决方案：

（1）先杀灭水蛛，全池泼洒杀虫剂，杀灭浮游动物。后施肥培水：全池泼洒氨基多肽肥水膏肥水。

（2）先降毒解毒，全池泼洒水质保护解毒剂，后施肥培水。

（3）使用生石灰清塘，转化酸性塘底。肥水前使用底居安打破底泥，释放底肥。

（4）使用克藻灵处理青苔后，用氨基多肽肥水膏培水。

（5）对野杂鱼虾杀灭时，使用安全高效的产品，如杂鱼杀丁。消毒时剂量不要过量。然后，使用底加氧对水体底质进行解毒氧化，严重的可以连续2～3次，直至水色出现，再进行肥水。

59 为什么养鱼先养水，养水先改底？

随着养殖技术的提高，养殖者逐渐认识到了养鱼先养水的重要性，但是很多养殖者却忽视了池塘底部对养殖品种及养殖水体造成的影响，而池塘底部存在着以下几大危害：

（1）池塘底部是寄生虫卵的繁殖摇篮，是寄生虫滋生的主要场所，也是寄生虫寄主生存的主要地方。

（2）池塘底部含有大量的病毒、细菌，经过水体交换蔓延到水体中。

（3）池塘底部存在大量的有机质，是有机质腐败的基地。

（4）池塘底部含有大量的未被藻类吸收的营养元素，是有害藻类营养的生产供应商。

（5）池塘底部会产生大量的有毒、有害物质，是各种有害物质的中转站。

三、常规鱼类病害防治篇

60 适合小龙虾、河蟹池塘养殖的水草有哪些？

小龙虾、河蟹养殖中常种植的水草有金鱼藻、轮叶黑藻、苦草、伊乐藻、茭白、水葫芦、菹草、黄丝草等。这些水草有沉水性植物，也有挺水性植物，是经过实践证明可用于养殖小龙虾的水草良种。

（1）伊乐藻　生长快，耐寒，速生；产量高，每平方米可产40千克。过多易疯长，不耐高温，夏季水温30℃以上易发生烂草。清塘10～15天后，池水加至5厘米左右，将草切成长15厘米，10株为一束。待草茎成活后，逐渐加水至浸没水草末端15厘米左右。每亩需草种25千克。

（2）菹藻　根状茎细长。茎多分枝，略扁平，侧枝顶端常结芽孢，脱落后长成新株。当环境不适宜时即腐烂。小坚果宽卵形，长3毫米。播种子繁殖，果实沉入水体底泥中，随时滋长新植物体。

（3）金鱼藻　耐高温，再生能力强。每节生根，生长快，叶不粘浮泥，在小池塘中繁殖茂盛时易产生臭水，败坏水质。每年11月，从天然淡水水域捞取金鱼全藻移栽，每亩移栽75～100千克。

（4）轮叶黑藻　耐高温，生命力强，不易败坏水。生长比伊乐藻、金鱼藻慢。冬芽繁殖，每3～5粒芽孢插入一穴底泥，每穴间距0.5米。每亩插芽孢1千克。

（5）苦草　易播种，耐高温，生长快，净化能力强。叶片表面易粘浮泥，叶上浮泥积多后易造成烂草。果条行，成熟时长14～17

厘米。水温回升到 15℃ 以上时，开始晒种 1～2 天，再浸泡 12 小时，然后取出果荚内种子，用泥土或细沙拌种，播在池塘中，每亩种子 0.15 千克。

（6）水花生　生长快，产量高，养殖方便，可自然越冬。如要根除困难。在沉水植物生长良好情况下，一般不移栽水花生。采用立桩拉绳法繁殖。一般在离池梗越 3 米，用塑料绳围城一条宽 2～3 米的水花生繁殖带。绳子用桩固定。气温回升到 10℃ 即可移栽，每亩移栽 250 千克。

（7）水葫芦　生长快，产量高，管理方便。肥力低的水域生长缓慢，当气温回升到 13℃ 时，越冬母株已萌发生长出新叶，即可放养。围成框格移栽，由于整个植株浮于水栽种时，要用绳子或竹竿围起来，以固定栽植位置。

61 水草种植应注意哪些方面？

水草种植要"分布均匀、品种搭配、密度适当"，一般情况下，水草覆盖面积约占虾池的 1/3。虾池实行复合型水草种植（水草品种至少在 2 种以上），可以保证池塘全年都有水草。在池塘中央以栽植轮叶黑藻和水花生为宜，池塘周边以种植伊乐藻、苦草为佳。水草能吸收池塘肥分，澄清水质，增加溶氧量，对水质起到净化作用，同时也可为养殖动物提供蜕壳、隐蔽场所和青饲料。高温季节，虾蟹处于快速生长阶段，蜕壳时需要丰茂的水草隐蔽和遮阴。常见水草搭配模式有：伊乐藻＋轮叶黑藻、伊乐藻＋黄丝草、茭白＋浮萍等。

62 水草前中后期的管理工作怎么进行？

对于水草，只种不管，不但不能正常发挥作用，而且大面积草枯萎时易污染水质，进而造成虾蟹死亡。

（1）前期　对吃水草的虫子要以杀为主，对水草的护理要重于对水质的管理。

（2）中期　要求管好草：

①水色过浓影响水草光合作用的，应及时调水或降低水位，增强光合作用。

②水质混浊、水草上附着污染物的，应及时使用净水先锋＋水质保护解毒剂进行分解。

③水草枯萎、缺少活力的，应及时使用护草育藻素。

④高温季节，水草如长得过于茂盛，一方面要加深池水，另一方面及时将水草进行割茬。割去过长的水草，保持水草顶部距水面30厘米；或于6月初，先将水草距离根部20～30厘米全部割去，并捞出残草，防止水温过高灼伤水藻，造成水草死亡腐败变质，引起小龙虾病害发生。

（3）后期　调节水质，使用底加氧，对虾塘进行增氧；泼洒二氧化氯片，杀灭有害菌和老化的藻类，保证水草正常生长，防止水草烂根。

63 水草管理有哪些关键点？

水草本身是一种水生植物，生长的必备条件：适宜的水温，合适的光照，无毒的水环境和充足的营养和氧气来源。实际养殖过程中，管理水草重点是做好固根、水位控制、水草修剪、虫害防控这四个方面的工作。

根是植物生长的本源，由于水草是生活在水中的，草根容易腐烂上浮，所以做好固根工作是水草管理的重中之重。固根工作要特别注意以下几个关键点：

（1）合理地改造池塘底质，保持底质松软适中，这样草根才能扎得深而且紧，后期不容易出现浮草现象。

（2）勤施护草育藻素，保持根部充足的营养，才有利于水草多发根、发好根。

（3）控制合理水位，尤其是水草生长初期，要始终保持草头离水面20厘米以下，有利于水草根部获取足够多的光照，促进根部生长。

在水草生长高峰期，水草长势快，很容易出现因水草生长过密而封住水面的现象。必须注意及时修剪，在水草修剪过程中也要注意三个关键点：

（1）水草快要露头前，选择晴好天气，割去草头，打出行路，保持水草覆盖率不超过 60%。

（2）分块依次修剪，减少因修剪造成水质的巨大变化。

（3）剪草后要及时修复，水混使用净水先锋净水，同时，使用护草育藻素适当补充草肥，促进新的草头生长。

水草虫害主要是啃食草头和水草叶片，严重的时候，水草叶片3天都被吃完。由于轮叶黑藻的叶子和草茎都比伊乐藻鲜嫩一些，所以轮叶黑藻比伊乐藻虫害多一些。3～4月初，红虫（摇蚊幼虫）吃水草叶片；4～5月，线虫（毛虾幼虫）吸取水草顶芽的汁液导致顶芽萎缩；5～6月，蜻蜓幼虫吃草头；7～8月，卷叶虫危害最大，啃食水草叶片迅速。整体把握原则：

（1）在虫害发生前，选择晴好天气的凌晨或傍晚用阿维菌素加以预防，这是因为水草虫害畏光的特点。

（2）及时割草头，防止成虫在草头上产卵，可有效减少虫害发生的几率。

注意：高温期杀虫药药效强，适当控制用量。

64 鳃霉病与细菌性烂鳃病、寄生虫性烂鳃病如何辨别？

三者外观病状基本相似，病鱼体色发黑，尤以头部为甚，鳃上黏液增多，鳃丝肿胀，严重时鳃丝末端缺损，软骨外露。

发病晚期三者易区别，细菌性烂鳃病，鳃盖内表皮组织发炎充血，中间部分腐烂成不规则的"开天窗"，其余两者无。如无"开天窗"或处于发病早期，则要借助显微镜加以鉴别，若鳃丝腐烂呈白带黄色，尖端软骨外露，并黏有污泥或黏液，见有大量细长、滑行的杆菌，酶免疫测定法检验呈阳性反应，可确诊为细菌性烂鳃病。镜检若寄生虫数量多，则为寄生虫性烂鳃病，若鳃丝末端挂着似蝇蛆一样的白色小虫，常为中华鳋病；鳃部分泌大量的黏液则为隐鞭虫病、口丝虫病、车轮虫病、斜管虫病、三代虫病或指环虫病。鳃片颜色比正常鱼的白，并略带有红色小点，则为鳃霉病，镜检可见病原体的菌丝进入鳃小片组织或血管和软骨中生长。

65 细菌性白头白嘴病与车轮虫病如何辨别？

细菌性白头白嘴病：病鱼体色发黑，漂浮在岸边，头顶和嘴的周围发白，严重时发生腐烂，且常发生于鱼苗期和夏花阶段。

车轮虫病：鱼体大部分或全身呈白色，镜检可见大量车轮虫。

66 竖鳞病与鱼波豆虫病如何辨别？如何防治？

感染竖鳞病的病鱼体表粗糙，鱼体前部鳞片竖立，鳞囊内积有半透明液体；严重时全身鳞片竖立，鳞囊内积有含血的渗出液，有时伴有体表充血，鳍基充血。鱼波豆虫病是因大量鱼波豆虫寄生在鳞囊内而引起竖鳞症状。需用显微镜检查鳞囊液才可区别两者，前者有大量短杆菌，而后者有大量鱼波豆虫。

防治竖鳞病，每亩每米水体用艾蒿根 5 千克、生石灰 1.5 千克，将艾蒿根捣烂取汁并加入生石灰，调匀后兑水全池泼洒。防治鱼波豆虫病的方法同车轮虫病。在冬季，水温 2～8℃时，每立方米水体用硫酸铜和高锰酸钾（两者比例为 5：2）合剂 0.3～0.4 克兑水全池泼洒，有较好疗效。

67 表现为在池边聚集、狂游症状的鱼病有哪些？如何鉴别？

表现为在池边聚集、狂游或头撞岸边症状的鱼病，一般有跑马病、泛池和小三毛金藻中毒症。

跑马病表现为典型的绕池周狂游，驱之难散；后两者多发生在清晨，泛池往往是大部分鱼狂游乱蹿或散乱横卧水面，嘴下唇突出并露出水面，日出以后症状减轻或消失；小三毛金藻中毒症是池鱼向池边四隅集中，头朝岸边并在水面下静止不动，每年 11 月至翌年 3～4 月是小三毛金藻症的发病高峰期。

68 表现为急躁不安、狂游、跳跃症状的鱼病有哪些？如何鉴别？

表现为急躁不安、狂游、跳跃症状的鱼病，一般有鲢疯狂病、中华鳋病、锚头鳋病、鱼鲺病和复口吸虫病。

其区别为：

（1）鲢疯狂病和鲢中华鳋病均为害鲢、鳙，前者病鱼脊柱弯曲，整个尾部极度上翘而露出水面，脑颅发黄，在水中狂游打转，时而沉入水底，时而浮出水面；而后者病鱼脊柱不弯曲，尾鳍仅上叶常露出水面，故又称"翘尾巴病"，病鱼只在水面打转或狂游，鳃丝末端挂有许多白色虫体，又称"鳃蛆病"。

（2）大中华鳋只寄生于草鱼、青鱼的鳃部，病鱼有跳跃不安现象，与鲢中华鳋病病鱼一般不跳跃相区别。中华鳋病与鱼鲺病病鱼均有急剧狂游和跳跃现象，但后者主要通过体表有圆形或椭圆形、身体扁平的虫体爬行来确诊。

（3）锚头鳋病与复口吸虫病两者均表现为病鱼急躁不安，但前者体表寄生针状虫体，严重感染时鱼体似披蓑衣；后者则在水面不安地挣扎，有时头向下、尾朝上失去平衡，眼球混浊，严重时水晶体脱落，又有"白内障""掉眼病"之称。

69 表现为体表充血、鳍条充血、腐烂症状的鱼病有哪些？如何鉴别？

表现为体表充血、鳍条充血、腐烂症状的鱼病，一般有赤皮病、打印病、暴发性出血病和锚头鳋病。草鱼"三病"综合征也伴有上述症状。

赤皮病病鱼表现鳞片脱落，蛀鳍，体表局部或大部分出血、发炎；暴发性出血病病鱼表现鳍基充血，口腔、颌部、鳃盖充血或腐烂，眼眶突出或充血，而鲤出血性腐败症则伴有体表肌肉腐烂；打印病是在尾柄或腹部两侧有指印状红斑，肌肉由外向内腐烂；锚头鳋病则是部分鳞片发炎、红肿，在红肿部位有针状虫体。

70 **体表具白点症状的鱼病有哪些？如何鉴别？**

体表具白点症状的鱼病，一般有白皮病、打粉病、小瓜虫病、微孢子虫病和黏孢子虫病。

白皮病和打粉病的不同是：白皮病的白点只出现在背鳍与臀鳍为界的整个尾柄皮肤上，病情发展只是白点自身的面积扩大，病灶面积逐渐扩大呈白雾状，手摸有粗糙感；打粉病的白点从背鳍、尾鳍到背部先后出现，白点数量不断增多，最终遍及体表，像米粉般裹满全身，仔细观察，白点之间有红色充血斑点。

小瓜虫病和微孢子虫病的区别是：病鱼死后 2～3 小时，体表白色小点状囊泡消失的为小瓜虫病，不消失的为微孢子虫病。

黏孢子虫病与小瓜虫病、微孢子虫病的区别是：前者病鱼体表为大小、形状不一的灰白色孢囊而不是小点状囊泡。

71 **表现为鳃呈苍白色、体色发黑症状的鱼病有哪些？如何鉴别？**

表现为鳃呈苍白色、体色发黑症状的鱼病，一般有指环虫病、鳃霉病、烂鳃病和侧殖吸虫病。

其区别是：指环虫病病鱼鳃盖张开，鳃部显著浮肿；鳃霉病病鱼鳃丝有点状充血或出血，常暴发性急剧死亡；烂鳃病病鱼头部严重乌黑，鳃丝腐烂，严重者鳃盖骨内表皮腐烂或有半透明的小洞；侧殖吸虫病病鱼则以闭口不食，肠壁膨大为特点。

72 **病鱼肠道呈红色症状的鱼病有哪些？如何鉴别？**

病鱼肠道呈红色症状的鱼病，一般有病毒性肠炎、细菌性肠炎和鲩内变形虫病。

主要区别是：病毒性肠炎肠壁组织完整，肠黏膜一般不腐烂脱落，但口腔、肌肉、鳃盖、鳍条等有充血；而细菌性肠炎口腔、肌肉不充血，但肠道黏膜往往溃烂发炎，乳黄色腹水较多；鲩内变形虫病症状与细菌性肠炎相似，但鲩内变形虫一般寄生于后肠部。

73 引起鳞片隆起的鱼病有哪些？如何鉴别？

引起鳞片隆起的鱼病，一般有竖鳞病和鲤嗜子宫线虫病。

前者鳞片隆起程度大，病鱼体表部分或全身鳞片竖起像松球状，鳞的基部水肿呈半透明的小囊状，轻压鳞片下的水肿液即喷出；后者则是部分鳞片突起，鳞片下寄生细长的红色线虫，挤压无积水。

74 有肠壁膨大或肠道堵塞症状的鱼病有哪些？如何鉴别？

有肠壁膨大或肠道堵塞等症状的鱼病，一般有侧殖吸虫病、球虫病、头槽绦虫病、舌形绦虫病、鲤长棘吻虫病和鲇细菌性败血症，它们均有程度不同的肠壁膨大或肠道堵塞等症状。

侧殖吸虫病和头槽绦虫病分别有闭口不吃食物和口张开不吃食的明显症状区别，且后者肠管前端膨大，肠内可见细面状虫体。

球虫主要寄生于青鱼；舌形绦虫病病鱼腹部膨大，用手轻压有坚硬感；鲤长棘吻虫只危害鲤，一般寄生于病鱼前肠，严重时肠管发炎、肿脓、溃疡，甚至肠壁穿孔。

鲇细菌性败血症：病鱼腹部膨大，胃内有大量黄色液体，肠道充气，肝脏、肾脏有白色病灶，鳃颜色发白。

75 鱼"拱边"是什么原因？

在气温高的时候，经常可以看到鱼在池塘边拱泥，一团团的泥浆从下往上升起，尤其是在天气闷热或者阴天、溶解氧不足的时候更加明显。引起这种现象的主要原因有以下几点：

（1）细菌性烂鳃。

（2）寄生虫感染导致烂鳃，主要有车轮虫、指环虫、斜管虫和隐鞭虫等。

（3）水霉、鳃霉等真菌感染。

76 鱼类在吃食时"发惊"是怎么回事?

在给鱼类投喂饲料的时候,经常会发现鱼正在吃食的时候,忽然一惊,鱼群散开,然后再慢慢聚拢,继续进食。

造成这种现象的几个原因为:

(1)鱼类的细菌性烂鳃。

(2)在鳃中有指环虫或三代虫、车轮虫寄生,或者有中华鳋寄生。

(3)在体表有锚头鳋寄生。

(4)患肠炎。

77 发生萎瘪病是什么原因?如何防治?

【病因】这种病的发生是由于放养过密、缺乏饲料,以致鱼长期处于饥饿状态造成的,有时也发生在越冬池塘中。

【症状】病鱼的体色发黑,消瘦,背似刀刃,鱼体两侧肋骨可数,头大体小,病鱼常常在池边缓慢游动,无力摄食,不久死亡。

【防治方法】①掌握放养密度,加强饲料管理,投喂足够的饵料;②越冬前更要使鱼吃饱长好,尽量缩短越冬期停止投饲的时间;③在饲料中添加维生素C钠粉等营养元素,提高机体免疫力,使病情尽早康复。

78 发生气泡病的原因是什么?如何防治?

【病因】当水中的某种气体过饱和时,可引起水产动物患气泡病。

【症状】该病主要危害幼苗。病鱼在水面上混乱无力地游动,身体失去平衡,随着气泡的增大及体力的消耗,失去自由游动的能力,浮在水面上,不久即死。

引起水中某种气体过饱和的原因很多:①水中的浮游植物过多,藻类光合作用旺盛,可引起溶解氧过饱和;②池塘施放未经发酵的肥料,分解出甲烷、硫化氢的气泡,鱼苗误食,引起气泡病;③地下水中的氮气过饱和,或者地下有沼气,也可引起气泡病;

④在越冬期间，水草在冰下的光合作用，也可引起氧气过饱和，引起气泡病。

【防治方法】①注意水源，不要用含有气泡的水；②池塘中的腐殖质不能过多，不用发酵的肥料；③平时掌握投饲量及施肥量，不使浮游植物繁殖过多；④全池泼洒食盐溶液，每亩5千克，可减少气泡；⑤将患病的鱼转入其他水体中，或者在原池塘进行大量换水。

79 怎样防治肠炎？

【病原】该病的病原体为肠型点状气胞菌，为条件性致病菌。

【症状】整个养殖过程中，鱼类的肠道中都存在着此类病菌。在健康的鱼体中，该菌种不占优势，不会引发疾病。但当受到水质恶化、溶解氧降低、投喂变质的饲料及投饵不当等因素影响时，鱼体的抵抗力下降，从而引起发病。病原菌随病鱼的粪便排到水中污染水质及饲料，经口传染其他鱼类，因此，这类疾病在整个养殖周期都有可能发生、发展。当池塘中水温在18℃以上时，该病即可流行，一般发生在4～9月，患病的鱼一般腹部膨大，且有红斑，肛门红肿，轻轻挤压腹部有黄色黏液从肛门流出；解剖可见肠壁充血、发炎，肠道内无食物，只有淡黄色黏液，内壁腐烂。

【预防方法】①定期投喂安菌克、复方磺胺甲噁唑等内服抗菌剂；②做好鱼苗、鱼种的放养消毒工作；③高温季节定期使用光合细菌、增氧底保净等改良水质的药物，营造良好的水质条件；④定期泼洒外用消毒剂，如二溴海因、杀灭海因Ⅱ等，预防病原菌的生长。

【治疗方法】①内服氟苯尼考和维生素C钠粉的合剂，同时外用遍洒鑫醛速洁、聚维酮碘溶液、二氧化氯等；②内服肠鳃宁和维生素C钠粉的合剂，同时外用遍洒鑫醛速洁、聚维酮碘溶液、二氧化氯、大黄精华素等。

80 烂鳃病是怎么造成的？用什么方法治疗？

（1）细菌引起的细菌性烂鳃病 主要症状是鱼的头部发黑，鳃盖内表面充血、发炎，中间糜烂成天窗，俗称"开天窗"，鳃丝肿胀。鳍的边缘变淡呈"镶边状"。

治疗办法是内服复方磺胺甲噁唑或克瘟灵Ⅱ，外用塘毒清进行水体消毒。

（2）鳃内寄生虫引起的烂鳃病

①中华鳋：用锚头鳋克星可有效杀死这类寄生虫。

②车轮虫：可使用特轮灭。

③指环虫：可使用指环虫杀星。

（3）病毒所引起的烂鳃病　主要症状是病鱼各组织器官伴有不同程度的充血、出血，病鱼的鳃常呈现白鳃。一般来说，病毒性疾病是很难完全治愈的，应该坚持"以防为主、治疗为辅"的原则。一旦发病，可以内用克瘟灵Ⅱ加复方磺胺甲噁唑，外用聚维酮碘溶液来控制疾病的蔓延，同时投饲量减半或减至1/3。

81 怎样防治细菌性烂鳃病？

【病原】淡水鱼细菌性烂鳃病的病原是柱状嗜纤维菌（原叫柱状屈桡杆菌）。

【症状】病鱼体色发黑，尤以头部为甚，故又称"乌头瘟"。病鱼游动缓慢，对外界刺激反应迟钝，呼吸困难，食欲减退；鳃片上有泥灰色、白色或蜡黄色斑点，鳃片表面、鳃丝末端黏液增多，并常黏附淤泥，鳃丝肿胀，严重时鳃丝末端缺损；鳃盖骨中央的内表皮常被腐蚀成圆形或不规则的透明小窗，故有"开天窗"之称。

本病为淡水鱼养殖中广泛流行的一种鱼病。主要危害草鱼和青鱼，鲤、鲫、鲢、鲂、鳙也可发生。近年来，名优鱼养殖中，如鳗、鳜、淡水白鲳、加州鲈和斑点叉尾鲴等多有因烂鳃病而引起大批死亡的病例。鱼种或成鱼阶段均可发生。该病一般在水温15℃以上时开始发生，在15～30℃，水温越高，越易暴发流行。由于致病菌的宿主范围很广，野杂鱼类也可感染，因此，容易传染和蔓延。本病常与赤皮病和细菌性肠炎并发。

【预防方法】①由于草食性动物的粪便是黏细菌的孳生源，因此，鱼池必须用已发酵的粪肥或者用成品肥料，如活而爽、肥水素等；②做好鱼苗、鱼种的放养消毒工作；③高温季节定期使用光合细菌、增氧底保净等改良水质的药物，营造良好的水质条件；④定期泼洒消毒剂，如二溴海因、杀灭海因Ⅱ等，预防病原菌的生长。

【治疗方法】①内服复方磺胺甲噁唑和维生素C钠粉的合剂，连用3～5天；外用泼洒聚维酮碘溶液。②内服氟苯尼考和维生素C钠粉的合剂，连用3～5天；外用泼洒聚维酮碘溶液、二氧化氯、大黄精华素等消毒剂。③五倍子（粉碎后开水浸泡或煎煮）连水带渣全池遍洒2～4克/米^3，大黄经20倍0.3％的氨水浸泡提取后，连水带渣全池遍洒2～4克/米^3。

注意事项：在使用外用消毒剂时，尽量选用温和型、对鱼体刺激小的产品，以免因过度刺激对鱼体产生伤害，造成不必要的损失。

 82 怎样防治赤皮病（又称出血性腐败病）？

【病原】病原菌为荧光假单胞菌，是一种条件致病菌。

【症状】当鱼体因捕捞、运输、放养等人工操作和机械损伤或被寄生虫寄生而受伤时，病菌乘虚而入引起发病。该病一年四季均可流行发生，尤其是越冬后，春季（3～5月）最易暴发。病鱼表现为体表出血、发炎，鳞片脱落，鳍的基部充血、鳍条充血或糜烂，呈扫帚状，常称"蛀鳍"，也常伴有烂鳃症状。

【预防方法】①定期投喂安菌克、复方磺胺甲噁唑、肠鳃宁等内服抗菌剂；②做好鱼苗、鱼种的放养消毒工作；③高温季节定期使用光合细菌、增氧底保净等改良水质的药物，营造良好的水质条件；④定期泼洒外用消毒剂，如二溴海因、二氧化氯速溶片等，预防病原菌的生长。

【治疗方法】①全池泼洒聚维酮碘溶液，配合内服复方磺胺甲噁唑、克瘤灵Ⅱ；②内服氟苯尼考、三金出血治和维生素C钠粉的合剂，同时外用遍洒鑫醛速洁、聚维酮碘溶液、二氧化氯、大黄精华素、鑫洋血尔等。

83 怎样防治白头白嘴病？

【病原】此病是由一种黏球菌引起的。该菌菌体细长，粗细几乎一致，而长短不一。柔软而易曲绕，无鞭毛，滑行运动。生长繁殖的最适温度为25℃，pH 6～8都能生长。

【症状】病鱼自吻端到眼前的一段皮肤呈乳白色。唇似肿胀，嘴张闭不灵活，因而造成呼吸困难。嘴圈周围的皮肤腐烂，稍有絮状物黏附其上，故在池边观察水面游动的病鱼，可清楚地看到"白头白嘴"的症状。病鱼体瘦发黑，反应迟钝，有气无力地浮动，常停留池边，不久就会出现死亡。

【预防方法】高温季节定期使用光合细菌、增氧底保净等改良水质的药物，营造良好的水质条件；定期泼洒外用消毒剂，如二溴海因、二氧化氯速溶片等，预防病原菌的生长。

【治疗方法】内服使用氟苯尼考、安菌克加维生素C钠粉的合剂，连喂3～5天；外用鑫醛速洁、二氧化氯速溶片与硫酸铜的合剂。

84 怎样防治白皮病（白尾病）？

【病原】此病是由白皮极毛杆菌所引起的。

【症状】开始发病时，尾鳍末端有些发白，随着病情的发展，迅速蔓延到鱼体后半部躯干，蔓延的部分出现白色，故又称白尾病。严重时尾鳍烂掉或残缺不全，不久病鱼的头部朝下，尾部向上，在水中挣扎游动，不久即死去。

此病传染性强，流行季节以6～7月最盛。因平时操作不慎，碰伤鱼体，病菌乘机侵入，引起该病的流行。一般死亡率在30％左右，最高的死亡率可达45％以上。该病的病程较短，从发病到死亡只要2～3天，对鱼威胁较大。

【预防方法】高温季节定期使用光合细菌、增氧底保净等改良水质的药物，营造良好的水质条件；定期泼洒外用消毒剂，如二溴海因、二氧化氯速溶片等，预防病原菌的生长。

【治疗方法】内服氟苯尼考、安菌克加维生素C钠粉的合剂，连喂 3～5 天；外用聚维酮碘溶液或富氯与硫酸铜的合剂。在治疗的同时，使用微生物制剂或者增氧底保净等水质改良剂调节水质。

85 怎样防治打印病？

【病原】此病是由点状产气单胞菌点状亚种引起的。菌体短杆状，两端圆形，多数两个相连，少数单个，菌体长为 0.7～1.7 微米、宽为 0.6～0.7 微米，有运动力，极端单鞭毛，无芽孢。染色均匀，革兰染色呈阴性。

【症状】病灶主要发生在背鳍和腹鳍以后的躯干部分，其次是腹部两侧，少数发生在鱼体前部。发病部分先是出现圆形的红斑，好似在鱼体表皮上加盖的红色印章；随后表皮腐烂，中间部分鳞片脱落，腐烂表皮也崩溃脱落，并露出白色真皮，病灶部位周围的鳞片埋入已腐烂的表皮内，外周的鳞片疏松并充血、发炎，形成鲜明的轮廓。在整个病程中后期形成锅底形，严重时甚至肌肉腐烂，露出骨骼和内脏，病鱼随即死去。

此病已发展成为主要鱼病之一，在鱼的各个发育生长阶段都可发生。此病在我国华中、华北地区较为流行，夏、秋两季流行最盛。

【预防方法】高温季节定期使用光合细菌、增氧底保净等改良水质的药物，营造良好的水质条件；定期泼洒外用消毒剂，如二溴海因、杀灭海因Ⅱ等，预防病原菌的生长。

【治疗方法】内服用克瘟灵Ⅱ、安菌克加维生素 C 钠粉的合剂，连喂 3～5 天；外用鑫醛速洁或二氧化氯等。在治疗的同时，使用微生物制剂或者增氧底保净等水质改良剂调节水质。

86 怎样防治疖疮病？

【病原】为疖疮型点状产气单胞杆菌。菌体短杆状，两端圆形，菌体长 0.8～2.1 微米、宽 0.35～1 微米，单个或两个相连，有运动力，极端单鞭毛，有荚膜，无芽孢，染色均匀，革兰染色呈阴性。

【症状】患病初期鱼体背部皮肤及肌肉组织发炎，随着病情的发展，这些部位出现脓疮，手摸有浮肿的感觉，脓疮内部充满含血的脓汁和大量细菌，所以又名瘤痢病。鱼鳍基部往往充血，鳍条间组织裂开，有时像把烂纸扇，病情严重的鱼肠道也往往充血、发炎。

此病在我国各地都可发现，但发病数不多。此病无明显的流行季节，一年四季都可出现。

【预防方法】高温季节定期使用光合细菌、增氧底保净等改良水质的药物，营造良好的水质条件；定期泼洒外用消毒剂，如二溴海因、二氧化氯速溶片等，预防病原菌的生长。

【治疗方法】内服使用克瘟灵Ⅱ或复方磺胺甲噁唑、安菌克加维生素C钠粉的合剂，连喂3～5天；外用鑫醛速洁、聚维酮碘溶液、富氯和二氧化氯等。在治疗的同时，使用菌满多或者增氧底保净等水质改良剂调节水质。

87 怎样防治竖鳞病？

【病原】此病是由水型点状极毛杆菌引起的。菌体短杆状，近圆形，单个排列，革兰氏染色呈阴性。此病菌经毒力感染试验，能产生与原发病鱼相似的症状。

【症状】病鱼体表用手摸有粗糙感，鱼体后部部分鳞片向外张开像松球，鳞的基部水肿，以致鳞片竖起。用手指在鳞片上稍加压力，渗出液就从鳞片基部喷射出来，鳞片也随之脱落，脱鳞处形成红色溃疡。并常伴有鳍基充血，皮肤轻微充血，眼球突出，腹部膨胀等症状。随着病情的发展，病鱼游动迟钝，呼吸困难，身体倒转，腹部向上，这样持续2～3天，即陆续死亡。

此病在我国东北、华中、华东等地区常出现，死亡率最高可达85％。此病的流行与鱼体受伤、水体污浊及鱼体抗病力降低有关。

【预防方法】高温季节定期使用光合细菌、增氧底保净等改良水质的药物，营造良好的水质条件；定期泼洒外用消毒剂，如二溴海因、二氧化氯速溶片等，预防病原菌的生长。

【治疗方法】内服使用复方磺胺甲噁唑、安菌克加维生素C钠粉的合剂，连喂 3～5 天；外用鑫醛速洁、聚维酮碘溶液、富氯和二氧化氯等。

乌鳢竖鳞病的防治：按每千克体重复方新诺明 6 克、恩诺沙星 6 克、卡那霉素 6 克制成药饵，每天 1 次，连用 6 天。

鲤、鲫等其他鱼竖鳞病的防治：恩诺沙星（每千克体重 10～20 毫克）口服，每天 1 次，连用 3～5 天；盐酸土霉素每千克体重 20～30 毫克，每天 1 次，连用 3～5 天。

88 怎样防治水霉病？

【病原】水霉病又称肤霉病、白毛病，是由水霉科中许多种类寄生而引起的。我国常见的有水霉属和绵霉属两个属。菌丝细长，多数分支，少数不分支，一端像根一样扎在鱼体的损伤处，大部分露出体表，长可达 3 厘米，菌丝呈灰色，似柔软的棉絮状。扎入皮肤和肌肉内的菌丝，称为内菌丝，它具有吸取养料的功能；露出体外的菌丝，称为外菌丝。

【症状】霉菌最初寄生时，肉眼看不出病鱼有什么异状，当肉眼看到时，菌丝已在鱼体伤口侵入，并向内外生长，向外生长的菌丝似灰白色棉絮状，故称白毛病。病鱼焦躁不安，常出现与其他固体摩擦的现象，以后患处肌肉腐烂，病鱼行动迟缓，食欲减退，最终死亡。

在鱼卵孵化过程中，也常发生水霉病。可看到菌丝侵附在卵膜上，卵膜外的菌丝丛生在水中，故有"卵丝病"之称，因其菌丝呈放射状，也有人称之为"太阳籽"。

此类霉菌，存在于一切淡水水域中。它们对温度的适应范围广，一年四季都能感染鱼体。本病全国各地都有流行。各种饲养鱼类，从鱼卵到各龄鱼都可感染，感染一般从鱼体的伤口开始。冬季和早春更易流行，特别是阴雨天、水温低时，极易发生并迅速蔓延，造成鱼死亡。

临场检疫要点：①该病流行甚广，终年可见，以晚冬、早春为高发期。各种鱼类自卵至成鱼皆可感染，以苗种受害严重。②病鱼急躁不安，行动失常，并分泌大量黏液，鱼体消瘦。菌丝深入肌肤内，蔓延扩散，外菌丝向外伸展呈灰白色棉絮状物，故俗称"长毛病""白毛病"。③鱼卵亦易感染发病，受害的鱼卵上，内菌丝侵入卵膜，外菌丝穿出卵膜，使卵变成一灰白色小绒球，俗称"太阳籽""卵丝病"。④实验室制片镜检，可见水霉菌菌丝。

【预防方法】小心拉网，以防鱼体受伤，造成二次感染；鱼卵孵化前用5～10毫克/升高锰酸钾浸泡2～3分钟。

【治疗方法】①用食盐40克/米^3＋小苏打40克/米^{3}浸泡病鱼24小时或用此浓度全池泼洒，隔天全池泼洒二氧化氯或鑫醛速洁；②全池泼洒聚维酮碘溶液，或将鑫铜和二溴海因混合全池泼洒，隔天再用1次；③对受伤亲鱼伤口涂5％碘酊或5％重铬酸钾，或2.5％～5％聚维酮碘溶液外涂；④五倍子粉碎后浸泡12小时以上，按4克/米^{3}全池泼洒；⑤使用新杀菌红和硫醚沙星复配，全池泼洒使用，效果显著。

89 怎样防治鳃霉病？

【病原】鳃霉病是由鳃霉寄生在鱼的鳃上引起的一种鱼病。病原为霉菌类的鳃霉。

【症状】病鱼不摄食，游动迟缓，鳃部呈充血、出血状。菌丝体产生的孢子入水中与鱼体接触，附着在鳃上，发育成菌丝。菌丝向组织里不断生长，分支，似蚯蚓状贯穿组织，并沿着鳃丝血管分支或穿入软骨，破坏组织，堵塞微血管，使血液流动滞塞。鳃丝呈坏疽性崩解，坏死部位腐烂脱落，可见明显缺陷。

据多年积累的资料表明，此病的流行与池水的恶化密切相关，特别是有机质含量较高、水质肮脏的池塘，更易发生此病。

【预防方法】用混合堆肥代替大草施肥，不施用未经腐熟的有机肥，经常冲水，保持池水清新；发病后，立即更换池水，泼洒含氯消毒剂，如三氯异氰脲酸粉、富氯、二氧化氯及漂白粉等。

本病预防的关键在于保持水质的清新，如水质发生变化，可选用光合细菌、增氧底保净等调水质产品调节水质。

【治疗方法】①全池泼洒水霉净或聚维酮碘溶液、二氧化氯等消毒剂；②全池泼洒聚维酮碘溶液与二氧化氯，先后使用，配合内服五倍子末，对于由真菌引起的各种鱼类的鳃霉病、水霉病有一定的抑制作用，同时也有抗病毒的作用，预防病毒病的发生。

90 怎样防治细菌性败血症？

细菌性败血症，也称细菌性出血病、暴发性出血病、出血性腹水病或腹水病等。作为暴发性流行性疾病，其危害最重，流行最广、周期最长，殃及鱼类品种最多，死亡率最高。患此病的鱼从发现症状到死亡，仅 3～5 天，短期内会造成大量死鱼，甚至绝产，是池塘养殖的恶性病害。

【预防方法】彻底清塘，清除池底过多的淤泥，从而减少淤泥消耗大量的氧气；定期加注清水、换水及遍洒生石灰，调节水质、改良池塘底质及提供鱼类生长不可缺的钙元素；把好鱼种和饲料关，选择优质鱼种和全面的配合饲料，做好鱼体、饲料、工具和食场的各项消毒；疾病流行季节应用药物预防，做到早发现、早治疗，预防在先。

【治疗方法】①第一天使用鑫洋暴血平配合鑫铜，先后使用，全池泼洒，同时内服败血宁加三金出血治和维生素 C 钠粉，连喂 2～4 天；第二天全池泼洒二氧化氯，或者使用鑫洋血尔、聚维酮碘溶液等；如果病情严重，第三天再泼洒一次。②外用药同①，内服使用氟苯尼考加安菌克加维生素 C 钠粉的合剂，连喂 3～5 天，每天 2 次，即可达到理想的效果。③在控制住疾病后，继续投喂肝胆利康散和维生素 C 钠粉的合剂 5～7 天，以提高机体免疫力，防止再次复发。

特别注意：患细菌性败血症的鱼，常常伴有寄生虫寄生，如发现鱼有阵阵狂游症状，在施用上述药物前应先用杀虫先予以杀灭，疗效更加明显。

91 怎样防治花、白鲢出血病？

【症状】主要表现为鳍条出血、眼眶周围出血等。

【发病原因】一是鱼体被虫子咬伤后受水体中的细菌感染；二是水体中的有毒物质（如氨氮、亚硝酸盐）过多造成。

【治疗方法】①先调节水质，再下杀虫和杀菌的药，这样治标又治本，保持时间长。先用亚硝克星全池泼洒，2小时后用二溴海因与杀灭海因按1∶1比例混合兑水全池泼洒，连用2天即可。②全池泼洒恩诺沙星或用麸皮制成药饵投喂，也可全池泼洒鑫洋暴血平、硫酸铜合剂。

92 怎样防治鲤白云病？

【病原】病原为荧光假单胞菌非运动性变种和恶臭假单胞菌，两种病原菌均为革兰阴性菌。主要感染鲤，池塘养鱼少发，最易发生于水温6～18℃、有流水、水质良好、溶解氧充足的网箱养鲤及流水越冬池中，并常与竖鳞病、水霉病并发。水温达到20℃以上时，常可不治而愈。在同一网箱中，草鱼、鲢、鳙、鲫不感染此病。

【症状】病初，病鲤体表出现小斑状白色黏液物，后黏液逐渐蔓延，形成一层白色薄膜，以头、背、鳍条处更为明显，严重时可出现蛀鳍、松鳞症状。病鱼多靠近网边缓游，停止摄食，陆续死亡。

【预防方法】①发病季节前，在网箱内外，适当悬挂三氯异氰脲酸粉或富氯药篓或药袋；②定期投喂内服抗菌药，如克瘟灵Ⅱ、复方磺胺甲噁唑等。

【治疗方法】内服氟苯尼考和维生素C钠粉的合剂，同时，外用遍洒鑫醛速洁、聚维酮碘溶液、二氧化氯等。

93 怎样防治草鱼病毒性出血病？

【病原】为草鱼出血病病毒，属呼肠孤病毒科。病毒为20面体和5∶3∶2对称的球形颗粒，直径为60～80纳米，具双层衣壳；对氯仿、乙醚等脂溶剂不敏感，无囊膜；病毒基因组由11条双股核糖核酸组成。病毒耐酸（pH3）、耐碱（pH10）、耐热（56℃）。能在草鱼肾细胞株（CIK）、草鱼吻端细胞株（ZC-7901）、草鱼吻端成纤维细胞株（PSF）等增殖，引起细胞病变。病毒复制部位在细胞质，形成晶格状排列，最适复制温度为25～30℃，其生长温度范围是20～35℃。尚未发现在非鲤科鱼类细胞株中增殖。

【症状】该病为病毒性鱼病。鱼体表一般暗黑而微带红色，皮下和肌肉有出血，口腔、下颌、头顶或眼眶周围充血，甚至眼球突出，鳃盖、鳍条基部充血。

【预防方法】①做好鱼苗、鱼种的放养消毒工作，消除塘底过多淤泥；②高温季节定期使用光合细菌、增氧底保净等改良水质的药物，营造良好的水质条件；③定期泼洒二溴海因、二氧化氯速溶片等消毒剂，抑制病原菌的生长；④隔离病鱼，得病死亡的鱼类深埋，防止病原菌再次感染；⑤定期检查鱼体，有无寄生虫寄生，如发现，及时使用杀虫药驱虫，并且使用消毒剂防止二次感染。

【治疗方法】第一天使用鑫洋暴血平配合鑫铜，先后使用，全池泼洒，同时内服败血宁加三金出血治和维生素C钠粉（或者氟苯尼考加安菌克加维生素C钠粉的合剂），连喂2～4天；第二天全池泼洒二氧化氯，如果病情严重，第三天再泼洒一次。

94 草鱼厌食症是怎么引起的？怎么治疗？

草鱼厌食症是指草鱼在养殖适温范围内无任何生理疾病时，突然不吃草或显著减少吃草量的反常现象，而不是指鱼生病或水温下降而呈现食欲减退的现象。

水的pH、总碱度及总硬度偏低，是造成草鱼厌食的根本原因。治疗此症，可以采取如下措施：

（1）pH偏低，淤泥浅、刚开的新塘口，用生石灰按每亩（1米水深）10千克全池泼洒，一般晴天下午施，第二天可以缓解，鱼开始摄食。

（2）对淤泥较深、水质过肥的塘口，可以施用臭氧片等颗粒型消毒剂，深入池塘底层释放出有效成分——次氯酸和活性氧，从而达到彻底消毒的目的，并增加水体透明度，改善养殖水环境。一般2天缓解摄食。

（3）对于pH正常，而总碱度、总硬度偏低的塘口，直接泼洒生石灰 10 千克/（亩·米）。

（4）对于 pH 偏低、水体偏瘦、淤泥较深的塘口，可以先用生石灰按 12.5 千克/（亩·米）全池泼洒，隔 3 天后再用塘毒清全池泼洒，这样可以大幅度降低水中氨氮、硫化氢等有毒物质的含量，改善养殖水环境，达到防病的效果，严重的 4 天可恢复正常。

（5）在饲料中定期添加大蒜素，可起到诱食及防病的双重作用。

95 **怎样防治草鱼细菌性败血症？**

【病原】为嗜水气单胞菌、温和气单胞菌和鲁克氏耶尔森菌等多种病原菌。细菌适温范围 4～40℃，最适温度为 25～37℃，最适 pH 为 5.5～9.0。

【症状】阴雨天或连续阴天后，天气突然转晴，14：00～15：00 草鱼在池塘中呈不规则跳跃，捕捞出的病鱼尾鳍内有气泡或发白坏死，病鱼体色发黑，头部发黑或发黄，鳃内有气泡。解剖可看到肝脏变色、胆肿大发黑、胆汁充盈，肠内无食物。

【预防方法】①定期调节水质，控制池水透明度在 25～30 厘米；②定期泼洒消毒药物，如二氧化氯速溶片、聚维酮碘溶液等。

【治疗方法】①发病初期，全池遍撒大粒盐（粗盐）10 千克/亩，该病可痊愈；②发病中期（得病后的 2～3 天），全池泼洒含次氯酸钠的消毒剂，连泼 2 次，每天 1 次，同时内服克瘟灵 II、肝胆利康散、维生素 C 钠粉，3～5 天后可痊愈；③发病后期，开始大批量死鱼时泼洒含三硫二丙烯的消毒剂 2 次，中间加 1 次二氧化氯，连续 3 次用药，有较好效果；④投喂的饵料量减少至正常量的 1/2 或停食。

96 **怎样防治鲤痘疮病？**

【病原】鲤痘疮病是由疱疹病毒引起的一种病毒性鱼病。该病主要危害 1～2 龄鲤。一般流行季节在秋末至初冬或春季，水温在 15℃以下易发病。在发病期间，同池其他鱼类均不感染。

【症状】在发病初期，病鱼的皮肤表面出现许多乳白色的小斑点，并覆盖有一层白色黏液。随着病情的发展，白色斑点的数目逐渐增多和扩大，以至蔓延至全身。患病部位表皮逐渐增厚，形成石蜡状的增生物，增生物可高出体表 1~2 毫米，其表面光滑，后来变为粗糙。增生物如占据鱼体大部分，就会严重影响鱼的正常生长，尤其对脊椎骨的生长，损害严重，导致骨软化；同时病鱼消瘦，游动迟缓，大批死亡。

【预防方法】①全池泼洒二氧化氯、聚维酮碘溶液、大黄精华素等；②隔离病鱼，严禁把有病的鲤运到其他渔场或水体中去饲养；③注意调节好水体的 pH，使之保持在 8 左右；④做好鱼苗的浸泡、消毒工作。

【治疗方法】①将病鱼放在溶氧量较高的水中，体表增生物可逐渐自行脱落而痊愈；②投喂氟苯尼考和维生素 C 钠粉合剂配制成的药饵，连喂 5 天，同时，全池泼洒二氧化氯或聚维酮碘溶液等，每天 1 次，2 天为一个疗程。

97 引起肝胆综合征的因素有哪些？如何预防？

肝胆综合征以尾尖白、鳍条尖白、肝胆肿大、变色为典型症状。得病的主要原因有三大类：一是养殖密度过大、水体环境恶化；二是乱用药物，如低剂量、长期在饲料中添加磺胺类等，或使用了副作用大、残留高的鱼药，如敌百虫、硫酸铜等，造成了肝损伤；三是投饲量过大或投喂了营养水平过高的饲料（强化投饲），加重了肝脏的负担。因此，该病的预防可从三个病因着手，采取积极的措施。

关于治疗，除了对症下药、改善水质、不乱使用药物和投喂合适的饲料外，还要使用一些解毒、补肝、强肝、疏理、消肿和促进肝细胞再生及胆功能恢复正常的药物，最好是中草药制剂。每月 2 次、每次 3~5 天定期投喂肝胆利康散加肝胆康药饵，能有效预防和治疗该病。

98 如何有效防治鱼类寄生虫病?

鱼的寄生虫病又称侵袭性鱼病。在池塘养殖寄生虫频发的地区仅仅进行药物预防是不够的,要贯彻"全面预防"的方针。首先,在设计和建造养鱼池时应尽量做到符合防病的要求。即在设计和建设养殖场时,应选择水源充足、清洁、不带病原寄生虫的地方。每个池塘应有自己独立的进水口、排水口直接连通引水渠和排水沟,当一个池塘鱼生病时,不至于因水流而将病原带到另一个池塘中去。其次,培育和选用体质健壮的苗种和选育抗病新品种,加强饲养管理,增强鱼体抵抗力。最后,控制和消灭病原微生物。鱼类疾病的来源是多方面的,有些病在传播过程中须经一系列环节,如能切断其中一环,即能达到控制和消灭寄生虫的目的。

(1)建立检疫制度。对从外地引进,或引种到外地去的种鱼、苗种进行检疫,确认无病和无病原后再放养,以防地区性寄生虫病扩散传播。

(2)每年在鱼苗、鱼种放养前对池塘进行彻底的清理,清除杂物、杂草,用药物消灭池中的病原微生物。必须坚持年年清塘消毒,才能达到预防鱼病的目的。

(3)购进鱼种放养前和鱼种分塘、转塘放养前,都应对鱼体进行药物浸洗消毒、杀虫,切断病原随鱼种进入池塘的途径,预防鱼病发生。

(4)病原体往往黏附在饲料中进入池塘,因此,投喂的饲料必须清洁、新鲜,最好经过消毒、杀虫(特别是投喂草及农副产品的鱼塘)。最好投喂颗粒饲料。

(5)养鱼用的工具,往往成为传播鱼病的媒介,在条件许可的情况下,最好做到工具专塘专用。如果有困难,则要把使用过的工具经过消毒处理后再使用。

(6)食场的残渣剩饵往往成为病原体的繁殖场所,因此,要经常对食场进行药物杀虫。

（7）鱼病易发季节定期泼洒药物全池消毒和定期投喂药饵，控制病原孳生，以达到防病效果。

（8）许多引起鱼病的寄生虫以其他动植物为中间寄主或终末寄主，如许多复殖吸虫的终末寄主为鸟类，因此，通过消灭中间寄主或终末寄主亦可起到控制和消灭病原的目的。

（9）拉网和装运活鱼时，避免鱼体受伤。

99 如何防治车轮虫病？

【病原】为车轮虫和小车轮虫属的一些种。可分为两类，一类侵袭体表，一类侵袭鱼鳃。

【症状】病鱼黑瘦，不摄食，体表有一层白翳附着。若为放养10天后的鱼苗患此病，病鱼表现为烦躁不安，成群沿池边狂游，俗称"跑马病"。此虫寄生鱼苗至夏花阶段鱼体体表时，病鱼的头部和吻周围呈微白色，黏液分泌很多。若仅从症状看，与黏细菌引起的白头白嘴病有一定程度的相似性。

车轮虫对不同年龄的各种饲养鱼类，均能感染，但危害最大的是鱼苗和夏花鱼种，可造成其大批死亡。全国各养鱼地区均有此病流行，流行时间为每年5～8月。

【预防方法】①彻底清塘，晾晒塘底，杀死寄生虫卵；②发病高峰季节，定期使用特轮灭等杀虫剂抑制虫体繁殖；③鱼苗或鱼种入塘时用8毫克/升硫酸铜或2%食盐溶液浸洗20分钟，或用高锰酸钾10～15毫克/升浸洗15～30分钟。

【治疗方法】①全池泼洒特轮灭，配合鑫铜，第二天使用二氧化氯或聚维酮碘溶液消毒，防止二次感染。②桂花鱼患车轮虫病、斜管虫病时，可全池泼洒特轮灭，配合硫酸亚铁，情况严重的，第二天再用一次；杀虫后再消毒池水。③用硫酸铜和硫酸亚铁合剂0.7克/米^{3}全池泼洒，第二天使用二氧化氯或聚维酮碘溶液消毒，防止二次感染。④每亩使用20千克新鲜的楝树叶沤水，每周换1次。⑤防治鳗车轮虫病，可降低水位，全池遍洒30克/米^{3}福尔马林，药浴1小时后加满池水，并进行换水。

100 如何防治小瓜虫病？

【病原】为多子小瓜虫。

【症状】当虫体大量寄生时，肉眼可见病鱼的体表、鳍条和鳃上布满白色点状包囊；严重感染时，由于虫体侵入鱼的皮肤和鳃的表皮组织，引起宿主的病灶部位组织增生，并分泌大量的黏液，形成一层白色薄膜覆盖于病灶表面，同时鳍条病灶部位遭受破坏出现腐烂。

国内各养鱼地区，尤其是华中和华南地区都有此病发生。此病是一种流行广、危害大的鱼病。在高密度养殖情况下，此病更为严重。此虫对所有的饲养鱼类，从鱼苗到成鱼都可寄生，但以对当年鱼种危害最为严重。适宜小瓜虫生长繁殖的水温为 15～25℃，当水温低至 10℃ 以下和高至 28℃ 以上时，小瓜子虫发育迟缓或停止，甚至死亡。因此，此病流行时间为 3～5 月和 8～10 月。

【预防方法】①彻底清塘，晾晒塘底，杀死寄生虫卵；②发病高峰季节，定期使用特轮灭等杀虫剂抑制虫体繁殖。

【治疗方法】①使用特轮灭全池泼洒；②用福尔马林 15～25 毫克/升浸洗病鱼 24 小时或全池泼洒，每天 1 次，连用 2～3 天；③用亚甲基蓝 3 毫克/升全池泼洒，隔 3～4 天 1 次，连用 3 次。

特别注意：鱼患病后，淡水小瓜虫不要用食盐、硫酸铜等药物治疗，这样不仅不能杀灭虫体，反而会加速虫体脱离寄主，沉入水底，形成包囊，产生更多的幼虫，引起更严重的感染。

101 如何防治斜管虫病？

【病原】为鲤斜管虫。鲤斜管虫寄生于养殖动物的鳃或皮肤上，大量寄生时，可引起黏液增多，病鱼表现呼吸困难，游动缓慢。本病常和鳃部其他寄生虫病并发。

斜管虫病一般流行于春、秋季节，最适繁殖温度为 12～18℃，在鱼体健康状况较差时 20℃ 以上也可能暴发此病。主要危害鲤、鳜等鱼苗、鱼种，为苗种培育阶段的常见鱼病。

【症状】死亡个体体色稍深，口张开，不能闭合，体表完整且无充血，鳃丝颜色较淡，皮肤、鳃部黏液增多。剪取尾鳍和鳃丝镜检，发现大量活动的椭圆形虫体，一个视野内达 100 个以上。由于虫体的强烈机械运动，引起黏液分泌增加和鳃丝肿大，导致呼吸困难而使大量鱼苗死亡。

【预防方法】①彻底清塘，晾晒塘底，杀死寄生虫虫卵；②发病高峰季节，定期使用特轮灭等杀虫剂抑制虫体繁殖；③鱼苗种入塘时用 8 毫克/升硫酸铜或 2％食盐溶液浸洗 20 分钟，或用高锰酸钾 10～15 毫克/升浸洗 15～30 分钟。

【治疗方法】①全池泼洒鑫洋灭虫精、硫酸铜合剂 1～2 次，用量分别为 200 克/（亩·米）、300 克/（亩·米）；②全池泼洒特轮灭，第二天使用二氧化氯或聚维酮碘溶液消毒；③用硫酸铜和硫酸亚铁合剂全池泼洒，第二天使用二氧化氯或聚维酮碘溶液消毒。

102 如何防治鳃隐鞭虫病？

【病原】为鳃隐鞭虫。隶属隐鞭虫属，可寄生在多种淡水鱼的鳃及皮肤上。大量寄生时，可引起鱼苗、鱼种大批死亡，甚至全池鱼全部死亡。鳃隐鞭虫病主要危害草鱼、鲮、鲤的鱼苗和鱼种，流行季节主要在夏季。鲢、鳙的鳃耙上虽然在冬天常有大量鳃隐鞭虫寄生，但并不引起发病。鳃隐鞭虫病在我国主要养鱼地区均有流行，尤其是江浙和两广地区，20 世纪 50 年代是主要鱼病之一。由于引起病鱼溶血，所以死亡率很高，病程较短。

【症状】疾病早期没有明显症状。但当严重感染时，由于鳃隐鞭虫大量寄生在鳃上，鳃组织受损，分泌大量黏液，并引起溶血，病鱼呼吸困难，鱼体发黑，游动缓慢，不吃食，以致死亡。诊断病鱼没有特殊症状，所以必须用显微镜进行检查诊断。

【预防方法】①放苗前清除淤泥，用生石灰彻底消毒；②用混合堆肥代替大草施肥，不施用未经腐熟的有机肥，经常冲水，保持池水清新；③放苗前用 8～10 毫克/升高锰酸钾药浴 10～30 分钟，也可用 2％～4％食盐水药浴 2～15 分钟。

【治疗方法】①每亩水面用苦楝皮或枝叶 24 千克煎水，全池泼洒；②全池泼洒硫酸铜和硫酸亚铁合剂，使养殖水体药物浓度达 0.1～0.2 克/米³；③全池泼洒鑫醛速洁、二氧化氯，也有很好的效果。

 103 如何防治杯体虫病？

【病原】主要为筒形杯体虫。杯体虫隶属缘毛目、累枝科、杯体虫属，为附生纤毛虫。虫体大小为 14～18 微米×11～25 微米，虫体充分伸展时呈杯状或喇叭状，前端粗，向后变狭，口围盘有发达的口缘膜。前庭附近有 1 个伸缩泡，体后端有 1 个附着盘，体表有细致横纹。虫体收缩时，口围盘纤毛作束状，向外伸于体外，再渐缩入，有时缩成茄子状。虫体传播主要靠游动。在一定环境下，虫体在口围盘和附着盘均缩入而呈茄子状，体上具有比平时更长的细密纤毛。然后离开宿主，在水中游泳，遇到合适的宿主就寄生。

【症状】杯体虫一年四季均可见，主要寄生在鱼体的皮肤和鳃上。大量寄生时病鱼常常成群地在池边缓慢游动，呼吸困难，体表似有一层毛状物，影响鱼体的正常呼吸和生长发育，最后导致鱼体死亡。

【预防方法】①彻底清塘，晾晒塘底，杀死寄生虫卵；②发病高峰季节，定期使用特轮灭等杀虫剂抑制虫体繁殖；③鱼苗或鱼种入塘时用 8 毫克/升硫酸铜或 2％食盐溶液浸洗 20 分钟，或用高锰酸钾 10～15 毫克/升浸洗 15～30 分钟。

【治疗方法】①全池泼洒特轮灭，第二天使用二氧化氯或聚维酮碘溶液消毒；②用硫酸铜和硫酸亚铁合剂全池泼洒，第二天使用二氧化氯或聚维酮碘溶液消毒；③每亩使用 20 千克新鲜的楝树叶沤水，每周换 1 次。

104 如何防治指环虫病？

【病原】为指环虫属的单殖吸虫。种类多达 500 种以上。在我国的主要致病种类有鳃片指环虫、鳙指环虫、小鞘指环虫和坏鳃指环虫等。

【症状】当小鱼种大量被指环虫寄生时，在短时间内可造成大批鱼种死亡。成鱼被指环虫大量寄生时表现为鱼体消瘦，体色发黑，食欲不振，呼吸困难，狂躁不安，鳃盖微张，打开鳃盖大多有污物附着，鳃丝上黏液增多，严重时腐烂缺损，呈继发性烂鳃特征。

病变性质与寄生持续时间及寄生虫的数量有直接关系，少量寄生时表现为组织增生。大量急性感染寄生时，由于虫体的中央大钩和边缘小钩分别钩住和黏附在鳃上，使虫体易于在鳃上爬动，侵入上皮，导致上皮脱落，引起鳃组织损伤而出血、增生，同时引起细菌性烂鳃病的继发感染，加剧各器官出现广泛性病变，直至出现各系统代谢紊乱。慢性感染以变性损伤为主，上皮细胞被破坏，组织增生，鳃瓣缺损，黏液增多，鳃血管充血、出血，上皮细胞增生，使鳃小片融合，严重时鳃小片坏死解体。

【预防方法】①彻底清塘，晾晒塘底，杀死寄生虫卵；②发病高峰季节，定期使用杀虫先等杀虫剂抑制虫体繁殖；③在病害发生的高峰期，使用内服虫清拌料投喂，每个疗程 3~5 天，可有效预防指环虫的繁殖。

【治疗方法】①全池均匀泼洒指环虫杀星，注意局部药物浓度不要过高，一周之内不要换水，最好是将池水加满后用药，以达到彻底杀灭虫卵的效果。使用杀虫药 3 天后，全池泼洒聚维酮碘溶液或二氧化氯。②全池泼洒鑫洋灭虫精，第二天泼洒聚维酮碘溶液或二氧化氯。③全池泼洒克虫威，第二天泼洒聚维酮碘溶液或二氧化氯。④全池泼洒鑫洋混杀威和硫酸亚铁的合剂，第二天泼洒聚维酮碘溶液或二氧化氯。

105 如何防治三代虫病？

【病原】为三代虫。共有 500 多个种，我国常见的有两种，即鲩三代虫和秀丽三代虫。本病主要流行于春季和秋末、冬初。三代虫繁殖最适宜水温为 20℃左右。三代虫分布甚广，主要为害幼鱼。密度过大是发病的主要原因。

【症状】严重的病鱼皮肤上有一层灰白色黏液膜、失去原有光泽，状态不安，常在水中狂游。三代虫若寄生在鳃上，可导致在鳃上形成血斑，鳃丝边缘呈灰白色，病鱼食欲减退，最后窒息死亡。

【预防方法】①彻底清塘，晾晒塘底，杀死寄生虫虫卵；②发病高峰季节，定期使用杀虫先等杀虫剂抑制虫体繁殖；③在病害发生的高峰期，使用内服虫清拌料投喂，每个疗程3～5天，可有效预防三代虫的繁殖。

【治疗方法】①使用指环虫杀星配合鑫洋混杀威全池均匀泼洒，注意局部药物浓度不要过高，1周之内不要换水，最好是将池水加满后用药，以达到彻底杀灭虫卵的效果。使用杀虫药3天后全池泼洒聚维酮碘溶液或二氧化氯。②全池泼洒鑫洋灭虫精，第二天泼洒聚维酮碘溶液或二氧化氯。③全池泼洒克虫威，第二天泼洒聚维酮碘溶液或二氧化氯。④全池泼洒鑫洋混杀威和硫酸亚铁的合剂，第二天泼洒聚维酮碘溶液或二氧化氯。

106 如何防治锚头鳋病？

【病原】为锚头鳋。

【症状】主要寄生在鱼体与外界接触的部位上，使周围组织发炎、红肿，影响吃食和呼吸，引起死亡。若寄生在口腔中，则鱼嘴一直开着，称"开口病"。若寄生在鳞片和肌肉中，则造成鱼体的出血和发炎，严重时寄生部位的鳞片往往有"缺口"，可导致累枝虫和钟虫的寄生，像棉絮一样，又称"蓑衣病"。

此病在我国流行较广，秋季流行较为严重。锚头鳋适宜水温为20～25℃，从鱼种到成鱼均可危害，对花、白鲢的危害最大，并且可造成鱼种的大批死亡。

【预防方法】①彻底清塘，晾晒塘底，杀死寄生虫卵、杀灭锚头鳋幼虫；②发病高峰季节，定期使用杀虫先等杀虫剂抑制虫体繁殖；③在病害发生的高峰期，使用内服虫清拌料投喂，每个疗程3～5天，可有效预防寄生虫的繁殖。

【治疗方法】①使用杀虫先、锚头鳋克星全池泼洒，使用杀虫药1天后全池泼洒聚维酮碘溶液或二氧化氯；②全池泼洒鑫洋灭虫精，第二天泼洒聚维酮碘溶液或二氧化氯；③全池泼洒克虫威，第二天泼洒聚维酮碘溶液或二氧化氯；④用10～30毫克/升高锰酸钾药浴30～60分钟。

如何防治中华鳋病？

【病原】为中华鳋。

【症状】病鱼焦躁不安，鳃上黏液增多，鳃丝末端发白。中华鳋雌虫用大钩钩在鱼的鳃上，大量寄生时，鳃上缘似长了许多白色小蛆，故又名鳃蛆病。大中华鳋仅寄生于草鱼、青鱼和赤眼鳟，鲢中华鳋仅寄生于鲢、鳙。病鱼在水面打转或狂游，尾鳍露出水面，故又称翘尾巴病。病鱼身体消瘦，生长受阻乃至死亡。

【预防方法】①彻底清塘，晾晒塘底，杀死寄生虫卵、杀灭中华鳋幼虫；②发病高峰季节，定期使用杀虫先、锚头鳋克星等杀虫剂抑制虫体繁殖；③在病害发生的高峰期，使用内服虫清拌料投喂，每个疗程3～5天，可有效预防寄生虫的繁殖；④冬捕后或春季雨季到来之后，用常规杀虫药（90%晶体敌百虫、克虫威、鑫洋灭虫精等）杀虫1次。

【治疗方法】①使用杀虫先、锚头鳋克星全池泼洒，1天后全池泼洒聚维酮碘溶液或二氧化氯；②全池泼洒鑫洋灭虫精，第二天泼洒聚维酮碘溶液或二氧化氯；③全池泼洒克虫威，第二天泼洒聚维酮碘溶液或二氧化氯；④用10～30毫克/升高锰酸钾药浴30～60分钟。

108 如何防治鱼鲺病？

【病原】为鱼鲺。

【症状】主要寄生在鱼的体表及鳃。由于鱼鲺腹面有许多倒刺，当其在鱼体上不断爬动时，倒刺会刺伤鱼的体表，再加上大颚撕破体表，故使鱼的体表形成很多伤口，造成出血使病鱼呈现极度不安，急剧狂游和跳跃，严重影响食欲。

【预防方法】①彻底清塘，晾晒塘底，杀死寄生虫卵、杀灭鱼鲺幼虫；②发病高峰季节，定期使用杀虫先等杀虫剂抑制虫体繁殖；③在病害发生的高峰期，使用内服虫清拌料投喂，每个疗程3～5天，可有效预防寄生虫的繁殖；④冬捕后或春季雨季到来之后，用常规杀虫药（90%晶体敌百虫、克虫威、鑫洋灭虫精等）杀虫1次。

【治疗方法】①使用杀虫先全池泼洒，1天后全池泼洒聚维酮碘溶液或二氧化氯；②全池泼洒鑫洋灭虫精，第二天泼洒聚维酮碘溶液或二氧化氯；③全池泼洒克虫威，第二天泼洒聚维酮碘溶液或二氧化氯；④用10～30毫克/升高锰酸钾药浴30～60分钟。

109 *如何防治孢子虫病？*

孢子虫是水产原生动物中种类最多、分布最广、危害较大的寄生生物。整个生活史中都产生孢子，可进行无性繁殖生殖和有性配子生殖，可在一种或两种寄主体内完成。本病可引起水生动物大批死亡或丧失商品价值，属于口岸检疫病之一。

因孢子椭圆形或倒卵形，前段有一大一小两个极囊，嗜碘泡明显，故又称碘泡虫病。

目前，危害比较严重的有鲢碘泡虫病、圆形碘泡虫病、饼形碘泡虫病和野鲤碘泡虫病等。由于病原体对药物抵抗力强，故本病的防治重点在于预防。

【预防方法】①鱼池清塘，干池清除淤泥，翻起池底曝晒；②每亩池塘（尽量放干水）用生石灰125千克彻底清池，杀灭淤泥中的孢子；③冬季放苗前，用15～30毫克/升福尔马林浸洗病鱼30～60分钟，每天1次，连用5～7天；④高温季节，用克虫威全池泼洒，半月1次。

【治疗方法】①内服百部贯众散，5～7天为一个疗程；同时外用泼洒孢虫杀，连用3天，第四天使用克虫威全池泼洒。②内服孢克，5～7天为一个疗程；同时外用泼洒孢虫杀，连用3天，第四天使用克虫威全池泼洒。③内服内服虫清，外用泼洒孢虫杀、鑫洋混杀威合剂，效果明显。

110 *如何防治球虫病？*

【病原】鱼类球虫病主要由艾美耳球虫引起。我国已在青鱼肠内发现艾美耳球虫，大量寄生时引起青鱼死亡；在鲢、鳙，侵害肾脏，也可引起死亡。

【症状】大量寄生时，病鱼消瘦，贫血，食欲减退，游动缓慢，鱼体发黑，腹部略膨大。剖腹，见前肠比正常者粗2～3倍，在肠壁上可见灰白色的瘤；瘤周边溃烂，有灰白色的脓液；在肠外壁也可见到灰白色的瘤；病鱼的肠内壁腐烂、穿孔、充血。鳃瓣充血，失去鲜红颜色，呈粉红色。

球虫病和黏孢子虫病均属于由孢子虫引起的疾病，碘泡虫侵犯多种鱼类，而球虫病主要在淡水鱼中蔓延，有逐渐加重的趋势。由于病原体对药物抵抗力强，故本病的防治重点在于预防。

【预防方法】①鱼池清塘，干池清除淤泥，翻起池底曝晒；②每亩池塘（尽量放干水）用生石灰125千克彻底清池，杀灭淤泥中的孢子；③冬季放苗前，用15～30毫克/升福尔马林浸洗病鱼30～60分钟，每天1次，连用5～7天；④高温季节，用克虫威全池泼洒，半个月1次。

【治疗方法】①内服百部贯众散＋孢克（1袋百部贯众散＋1袋孢克拌40千克料），连用4～6天为一疗程；②每100千克鱼每天用碘24克制成药饵，投饲4天（试用：每100千克鱼饵料中喷洒聚维酮碘溶液400～500毫克）；③每100千克鱼每天用硫黄粉100克制成药饵，连续投饲4天。

111 如何防治鲤蠢绦虫病？

绦虫属扁形动物门中的一类寄生虫，常见种类有头槽绦虫（寄生于草鱼、青鱼等体内）、鲤蠢绦虫（寄生于鲤、鲫体内）、舌形绦虫（其幼体俗称"面条虫"，寄生于鲫、鲢等体内）等。

鲤蠢绦虫病常见的病原为许氏绦虫、鲤蠢绦虫及短颈鲤蠢绦虫。此类绦虫不分节，乳白色，卵巢与睾丸同体，长数厘米。剖开鱼腹，见肠管外壁充血，部分鱼肠有芽状突起，大小不一，芽状部分硬实。剥开肠管，肠内充满白色脓样黏液，病灶部位充满蠕动的虫体，可多达50～100条。

鲤蠢类绦虫的原尾蚴寄生于颤蚓（水蚯蚓）体内，鱼吞食污染原尾蚴的颤蚓后受感染，原尾蚴在肠内发育成成虫。病情严重程度与水中颤蚓密度成正比，肥水池塘中多发。

【预防方法】①清除淤泥，彻底清塘；②放养前可遍洒一次二氯化铜（0.7 克/米^3），杀灭水蚯蚓，以达到预防本病的目的。

【治疗方法】①内服绦虫速灭，连用 3～5 天为一个疗程，同时外用泼洒克虫威；②内服"内服虫清"，连用 5～7 天为一个疗程，同时外用泼洒克虫威。

112 如何防治头槽绦虫病？

【病原】为九江绦虫（侵害草鱼）和马口绦虫（侵害团头鲂、鲤）。病鱼瘦弱，体黑，无食欲，口常张开。剖开鱼腹见前肠膨大成囊状，刺破囊壁，大量绦虫涌出，肠道发炎。

绦虫的生活史经卵、钩球蚴、原尾蚴、裂头蚴和成虫 5 个阶段。钩球蚴在水中被剑水蚤吞食后，在其体内发育成原尾蚴，剑水蚤被草鱼鱼苗吞食后，原尾蚴发育成裂头蚴，长出节片，发育成成虫。受感染的鱼苗不久即死亡，疾病可持续到秋天。鱼苗长到 10 厘米以上时，病情缓解。

【预防方法】①清除淤泥，彻底清塘；②放养前可遍洒 1 次鑫洋混杀威，杀死剑水蚤及绦虫虫卵。

【治疗方法】①内服绦虫速灭，连用 3～5 天为一个疗程，同时外用泼洒克虫威；②内服"内服虫清"，连用 5～7 天为一个疗程，同时外用泼洒克虫威；③将敌百虫精 40 克、面粉 500 克混合，制成药面，混入 100 千克饵料中，连喂 3 天；④每万尾鱼苗用南瓜子 250 克（研粉）、面粉 500 克、米糠 500 克，拌匀，每天 1 次，连用 3 天。

113 如何防治舌形绦虫病？

【病原】为舌形绦虫和双线绦虫的裂头蚴。虫体肉质肥厚，白色带状，俗称"面条虫"，长度从数厘米至数米，无头节和体节区分。舌形绦虫每节节片上有 1 套生殖器官；双线绦虫每节节片上有

2 套生殖器官。

舌形绦虫的第一中间宿主是镖水蚤（尾球蚴），第二中间宿主是鱼（成虫卵），第三中间宿主是鸥鸟（钩球蚴）。本病流行与镖水蚤、鸥鸟密度正相关。危害鲫、鲤、鳙、鲢、大银、鳀、鰕虎鱼、鱿鱼等。

【症状】病鱼体瘦，腹部膨大，严重时鱼失去平衡能力，侧游或腹部向上浮于水面，浮游无力。剖开鱼腹，可见体腔充满白色带状虫体。虫数少时，虫体肥厚且很长；虫数多时，则细长。鱼内脏萎缩，严重时，肝、肾等破损，分散在虫体之中，肠细如线。

【预防方法】①清除淤泥，彻底清塘；②定期使用克虫威、鑫洋灭虫精、鑫洋混杀威等杀虫剂，杀死池中的浮游动物，切断宿主来源；③定期投喂肠虫速灭，抑制寄生虫的繁殖。

【治疗方法】①内服绦虫速灭，连用 3～5 天为一个疗程，同时外用泼洒克虫威；②内服"内服虫清"，连用 5～7 天为一个疗程，同时外用泼洒克虫威或鑫洋灭虫精。

114 如何防治钩介幼虫病？

【病原】为钩介幼虫，是软体动物河蚌的幼虫。

本病流行于春末、夏初，在鱼苗和夏花饲养期间，正是钩介幼虫悬浮于水中的时候，钩介幼虫能寄生于各种鱼，其中，主要危害青鱼等生活在较下层的鱼类。

【症状】钩介幼虫用足丝黏附在鱼体上，用壳钩钩在鱼的嘴、鳃、鳍及皮肤上，鱼体受到刺激，引起周围组织发炎、增生，逐渐将幼虫包在里面，形成包囊。钩介幼虫寄生在嘴角、口唇或口腔里，能使鱼苗或夏花丧失摄食能力而饿死；寄生在鳃上，因妨碍呼吸可导致窒息死亡，并往往可使病鱼头部出现红头白嘴现象，因此，又称为"红头白嘴病"。

【预防方法】①彻底清塘，晾晒塘底，杀死寄生虫卵、杀灭幼虫；②发病高峰季节，定期使用杀虫先等杀虫剂抑制虫体繁殖；③在病害发生的高峰期，使用内服虫清拌料投喂，每个疗程 3～5 天，可有效预防寄生虫的繁殖；④鱼苗池和夏花培育池不能混养蚌，进水需过滤，以免将钩介幼虫随水带入鱼池。

【治疗方法】①使用杀虫先全池泼洒，使用杀虫药1天后全池泼洒聚维酮碘溶液或二氧化氯，防止二次感染；②全池泼洒鑫洋灭虫精［200克/（亩·米）］，第二天泼洒聚维酮碘溶液或二氧化氯，防止二次感染；③全池泼洒指环虫杀星，第二天泼洒聚维酮碘溶液或二氧化氯，防止二次感染。

115 如何防治复口吸虫病（双穴吸虫病）？

【病原】为复口吸虫的尾蚴和囊蚴。虫体分体部和尾部两部分。体部表面密被小刺，前端有头器，头器前部围成口吸盘。腹吸盘上具两圈小刺，位于体部中央或略后。尾部明显地分成尾干和尾叉。尾干能弯曲，两侧各有8根毛。

此病为一种危害较大的世界性鱼病，在我国的主要养殖区域内均有发生，尤其是在鸥鸟及椎实螺较多的地区尤为严重，危害多种淡水鱼类，其中，尤以鲢、鳙、团头鲂、虹鳟的苗种受害为严重，急性感染时可引起苗种大量死亡。

【症状】本病流行于5～8月。慢性感染时则全年都有。急性感染时，病鱼在水面上作跳跃式游动、挣扎，继而游动缓慢，有时头朝下、尾巴向上失去平衡，或病鱼上下往返，在水面上旋转。慢性感染时，该虫囊蚴可寄生于成鳝体内，导致白内障和瞎眼病；同时可使头部充血和心脏充血而造成大量死亡。有时也导致病鳝体表充血、变黑，产生所谓黑斑病。病鳝眼睛混浊、眼瞎，眼眶渗血；体表灰暗，现黑斑；不入穴，游态常为挣扎状，4天左右死亡。

【预防方法】①彻底清塘，清除池底淤泥；②彻底消灭其中间宿主——椎实螺，可用0.7克/米^{3}的二氯化铜全池泼洒，也可用同浓度的硫酸铜亚铁合剂全池泼洒。

【治疗方法】①内服绦虫速灭或内服虫清，同时外用泼洒鑫洋灭虫威；②用2％～2.5％的盐水浸泡。根据病情严重程度和鱼体的承受力来确定浸泡时间的长短；③内服内服虫清，同时外用泼洒鑫洋灭虫精。

四、鳜病害防治篇

116 如何防治鳜白皮病？

【病原】此病由白皮极毛杆菌从鱼的受伤处侵入而引起。

【症状】发病初期，病鱼背鳍基部或尾柄出现白点，继而迅速蔓延，使背鳍和臀鳍间的体表甚至尾鳍都出现白色。因此，又称白尾病。晚期病情严重时，症状表现为头朝下、尾朝上，与水面垂直，不久就会死亡。主要危害体长 3～10 厘米的鳜鱼种。

由于鳜是底栖性鱼类，且有早晚捕食的习性，所以预防性用药时间一般要避开早晚，在中午前后用药，并要做到泼洒均匀。鳜在患有肠炎、烂鳃病和出血病等，需服用药饵时，其投喂方式与其他水产品种不同，鳜是捕食活鱼的，药饵需先由饲料鱼吃进，再由鳜捕食，用药量比较大。药饵投喂前，应在鳜鱼池中放入足够的饲料鱼，药饵投喂量为池中饲料鱼体重的 5%～6%，保证药饵投喂量充足，鳜捕食后药饵才能发挥作用。

【防治方法】①全池或全网箱泼洒鑫洋富氯、鑫洋二氧化氯；②用 10 千克水加 80 万国际单位青霉素浸泡病鱼 5 分钟，隔天浸泡 1 次，3 次见效；③全池泼洒聚维酮碘溶液，并在饲料中添加氟苯尼考和维生素 C 钠粉的合剂，连喂 3～5 天，即可痊愈；④用 10 毫克/升高锰酸钾溶液浸泡病鱼 15～30 分钟，隔天浸泡 1 次，3 次见效。

117 如何防治鳜车轮虫病？

【病原】为车轮虫。属原生动物，体型较小，形似车轮，一般需使用显微镜才能观察到。

【症状】该虫寄生在鱼鳃、体表，使病鱼烦躁不安，头部和嘴周围分泌较多黏液，不摄食，离群独游。虫体大量繁殖时对鱼苗和鱼种危害很大，若不及时治疗，不久就会大批死亡。

【防治方法】①鱼苗、鱼种放养前，用生石灰彻底清塘消毒；②用2％食盐水浸泡10～20分钟；③用20～30克/米³福尔马林全池泼洒，隔2～3天再用药1次；④全池泼洒特轮灭，第二天使用二氧化氯做消毒处理。

118 如何防治鳜纤毛虫病？

【病原】主要为斜管虫感染所致。

【症状】斜管虫寄生于鳜体表、鳍和鳃，寄生数量少时对鱼体活动影响不大；寄生数量多时，鱼苗口不能合上，且不肯进食，游动失去平衡，在水面呈翻滚状，继而死亡。该病蔓延迅速，危害极大。

【预防方法】①注意水质调节，降低池水中有机质的含量，定期使用光合细菌；②加强底质的改良工作，消除池底的腐败物质，每半个月施用一次光合细菌和增氧底保净的合剂；③用2％食盐水浸洗病鱼2分钟；④全池泼洒富氯或鑫醛速洁；⑤使用特轮灭150克/（亩·米）杀灭鱼体寄生的斜管虫。

119 如何防治鳜锚头鳋病？

【病原】本病是由锚头鳋属的一些寄生种类所致。

【症状】此病发生于鳜夏花和成鱼养殖的各阶段。夏花和鱼种培育过程中此病尤为严重。鱼体头部被寄生虫钻入的部位，其周围组织常发炎、红肿，继而组织坏死。一条幼鱼，鱼体上寄生2～4个锚头鳋，就可引起死亡。成鱼感染此病，则鱼体瘦弱，失去食用价值，严重时出现大量死亡。

【预防方法】①带水清塘。每公顷（1米水深），用生石灰900千克；②苗种放养前用15～20毫克/升的高锰酸钾溶液药浴5～10分钟；③全池泼洒福尔马林，浓度为30～50毫克/米³；④全池泼洒鑫醛速洁，浓度为 15 毫升/米^3，严重时，可隔日再泼洒 1 次。

120 *如何防治鳜指环虫病？*

【病原】为指环虫。

【症状】寄生在鱼类的鳃部，使病鱼体质消瘦、体色发黑。本病在夏花及成鱼阶段均有发生，死亡率较高。

【预防方法】①用 20 毫克/升的高锰酸钾溶液浸洗病鱼 15～20 分钟；②用富氯全池泼洒消毒，每半个月 1 次；③用指环虫杀星全池泼洒，第三天使用二氧化氯做消毒处理。

121 *如何防治鳜小瓜虫病（白点病）？*

【病原】该病由小瓜虫寄生引起。

【症状】表现为鱼体大量寄生时，病鱼鳍条、体表出现一个个白点，感染的鱼体由于受到刺激，体表和鳃部分泌大量的黏液，鱼因呼吸困难而死亡。此病主要危害 5 厘米以下的鱼种。

【预防方法】①放养前用生石灰彻底清塘，杀灭虫体和包囊；②全池泼洒福尔马林溶液，第二天使用特轮灭；③按每立方米水体用生姜 2.6 克、辣椒粉 0.5 克，先将生姜捣烂，再加入辣椒粉，混合后煮沸，全池泼洒。

注意：对小瓜虫病千万不能用硫酸铜或者食盐治疗，这些药物不但不能杀灭小瓜虫，反而会使小瓜虫形成包囊，大量繁殖，导致病情恶化。

122 *如何防治鳜细菌性烂鳃病？*

【病原】该病由柱状嗜纤维菌（原叫柱状屈桡杆菌）感染引起。

【症状】病鱼体色发黑，尤以头部为甚，故群众又称此病为"乌头瘟"。病鱼游动缓慢，对外界刺激反应迟钝，呼吸困难，食欲减退；鳃片上有泥灰色、白色或蜡黄色斑点，鳃片表面、鳃丝末端黏液增多，并常黏附淤泥，鳃丝肿胀，严重时鳃丝末端缺损；鳃盖骨中央的内表皮常被腐蚀成圆形或不规则的透明小窗，故有"开天窗"之称。

【预防方法】①注意水质调节，降低池水中有机质的含量，定期使用光合细菌；②加强底质的改良工作，消除池底的腐败物质，每半个月施用一次光合细菌和增氧底保净的合剂；③使用鑫洋血尔全池泼洒，同时内服肠鳃宁和维生素 C 钠粉的合剂，连用3～5 天。

 如何防治鳜肠炎？

【病原】该病由点状气单胞菌感染引起。

【症状】发病初期，病鱼前肠、后肠充血发红，严重时整个肠道充血、发炎、出血，形成败血症。病鱼腹部肿胀，肛门红肿突出，有时可挤出黄色黏液，肛门后拖一粪便团。腹部有时有积水。

在成鱼养殖阶段，常发生由饲料鱼将病原体带入，引起鳜发病的情况。感染点状气单胞菌的饲料鱼被鳜摄食后，鳜易出现肠道发炎、肛门红肿、外翻（肠炎），或体表局部发炎、肝脏及肾脏带菌（出血病）等症状。

【预防方法】①注意水质调节，降低池水中有机质的含量，定期使用光合细菌；②加强底质的改良工作，消除池底的腐败物质，每半个月施用一次光合细菌和增氧底保净的合剂；③使用二氧化氯全池泼洒，同时内服氟苯尼考和维生素 C 钠粉的合剂，连用 3～5 天。

 如何防治鳜细菌性败血症（暴发性出血病）？

【病原】为弧菌。从 2 月底至 11 月，尤以水温 28℃ 左右时发病最为严重。患病率为 60％以上，死亡率为 10％～80％。

【症状】患病早期，病鱼主要表现为口腔、腹部、鳃盖、眼眶、鳍及鱼体两侧呈轻度充血症状。随着病情的发展，上述体表充血现象加剧，肌肉呈现出血症状，眼眶周围充血，眼球突出，腹部膨大、红肿。鳃丝灰白显示贫血，严重时鳃丝末端腐烂。剖开腹腔，腔内积有黄色或红色腹水，肝、脾、肾肿大，肠壁充血、充气且无食物。

【防治方法】①每半个月用 1 次富氯，全池泼洒进行预防；②注射灭活疫苗。或者每半个月在饲料中添加败血宁和维生素 C 钠粉的合剂，每次服用 3 天；③在治病前必须先有针对性地杀灭鱼体表及鳃上寄生虫；④全池泼洒二氧化氯，隔天 1 次，连用 2 次，同时内服出血停、维生素 C 钠粉和三金出血治的合剂，连用5～7 天。

 如何防治鳜病毒性肝病？

【病原】该病由病毒感染引起。

【症状】病鱼不食饵料鱼，静卧或独游，鳃丝无缺损、发白、缺血，身体体表及鳍条均好，体表症状不明显，肛门不红肿，无黄色或红色物流出。剖腹后可见肝脏苍白或黄色，肝细胞呈水泡状，胆囊增大，胆汁混浊、变黄，脾脏黑红色、无光泽。

【预防方法】①注意水质调节，降低池水中有机质的含量，定期使用光合细菌；②加强底质的改良工作，消除池底的腐败物质，每半个月施用一次光合细菌和增氧底保净的合剂；③全池泼洒聚维酮碘溶液，连用 2～3 次，并内服安菌克、肝胆利康散和维生素 C 钠粉的合剂，连用 5～7 天。

126 如何防治鳜水霉病？

该病在鳜鱼卵的孵化、鱼苗、鱼种和成鱼阶段均可发生，主要危害鱼卵和早期鱼苗，是影响鳜孵化率的主要病害。

【病因】在孵化期间遇水温较低时易感染此病，易使受精卵发育停滞，严重时会互相感染而造成胚胎大批死亡。如及时治疗，胚胎还可继续发育。

【症状】鱼苗至成鱼阶段的水霉病，主要是捕捞、转运过程中操作不仔细，鱼体外伤严重，水霉菌感染伤口引起此病，病鱼体表常有白色絮状物，病鱼游动失常，食欲减退，以至瘦弱、死亡。

【防治方法】①保持水质良好，捕捞、运输过程操作要小心，避免鱼体机械损伤或意外损伤；②用 0.2％食盐水和 0.2％碳酸氢钠液泼洒全池；③全池泼洒富氯或三氯异氰脲酸粉。

 **鳜养殖水体为什么容易混浊？如何解决？**

鳜属于凶猛性鱼类，以捕食活的鲮仔鱼为饵料。在捕食过程

中，会将池塘底部的泥巴翻起来，从而导致水体混浊。由于水体混浊。太阳光很难照射进入水体，使得光合作用效果不佳，从而使得藻类繁殖较为困难，这样，整个水体会处于极度缺氧状态，水质较瘦，再加上鳜吃剩的鲮残饵会在池塘底部形成巨大的耗氧层，使得底部亚硝酸盐会瞬间升高，并不断持续，一般使用的净水产品用下去后，将水体净化后，鳜会反复将水体变混浊，所以，净水效果很难达到预期效果，肥水效果也就不好处理，亚硝酸盐偏高似乎成为了一种趋势和不可改变的现状。

【防治方法】对于混浊的水体，使用净水先锋要注意：一定要充分溶解，化水全池均匀泼洒。一般用药后 2 天后，水色会慢慢澄清。之后天气好的时候，用氨基多肽肥水膏迅速肥水，对于鳜的泥巴水体有改善。

五、斑点叉尾鮰病害防治篇

128 如何防治斑点叉尾鮰病毒病？

【病原】该病由疱疹病毒引起。

【症状】此病的主要症状是鳍基部和皮肤充血，腹部膨大，腹水增多，肾脏红肿，脾脏增大，内脏血管充血，眼睛外突，鳃丝苍白。病鱼垂直游动，死前头朝上漂浮水面。若需确诊，最好通过病毒的分离鉴定。

该病通常是在水温较高的夏季危害鱼苗或鱼种。感染鱼的规格多为体长小于 10 厘米或体重在 10 克以下的鱼苗或鱼种。当 1～3 周龄的鱼苗自然感染该病时，3～7 天内死亡率可达 100%；3～4 月龄的鱼种染病后死亡率可达 40%～60%。

【防治方法】①注意水质调节，降低池水中有机质的含量，定期使用光合细菌；②加强底质的改良工作，消除池底的腐败物质，每半个月施用 1 次光合细菌和增氧底保净的合剂；③全池泼洒鑫醛速洁，连用 2 次，并内服氟苯尼考、安菌克和维生素 C 钠粉的合剂，连用5～7 天。

129 如何防治斑点叉尾鮰烂尾病？

【病原】为嗜纤维菌和嗜水气单胞菌。通常是在池塘淤泥过多，池塘水质不良，施用没有充分发酵的粪肥，或在捕捞、运输等过程中操作不慎引起鱼体受伤等诱因存在时，感染发病。

【症状】发病初期，病鱼游动缓慢，呼吸困难，反应迟钝，食欲不振、摄食减少，常游于岸边，病鱼与水面垂直做挣扎状游动，病鱼尾柄部皮肤变白，失去黏液，病灶处黏脏，肌肉红肿，继而尾鳍分支，尾柄肌肉溃烂、脱落，细菌经创伤处感染全身，使病鱼出现烂鳃及胸鳍、臀鳍充血现象。

死鱼的外部特征主要为躯体消瘦，尾柄细长，体表布满星状黏液，胸鳍、臀鳍呈现充血性浮肿，鳃盖及口腔充血，尾柄肌肉溃烂、脱落，尾部骨骼外露。

剖检可发现肝脏、肾脏肿大，肠道无食物或有少许食物，肠壁充血，心脏水肿，部分鳃丝溃烂。

该病主要流行于春季、夏季及秋季，冬季发生少，尤以立秋前后发病更为显著。在水温 20～25℃易发病。另外，天气多变为其发病诱因。主要危害 6～15 厘米规格的鱼种，而成鱼不常见。发病率一般在 60%～70%，死亡率通常在 70%。

【防治方法】①发病初期用富氯全池泼洒，隔天再泼洒 1 次；②用大黄精华素全池泼洒，连用 2 次；③用食盐（0.5%～0.7%）与土霉素（10～15 毫克/升）浸浴 48 小时；④内服复方磺胺甲噁唑，连续投喂 5～7 天。

130 如何防治斑点叉尾鮰出血性腐败症？

【病原】该病由嗜水气单胞菌引起。

【症状】病鱼在水中呈呆滞的抽搐状游动，停止摄食，体表有圆形稀疏的溃疡灶（皮肤、肌肉坏死），腹部肿胀，眼球突出，体腔内充满带血的液体，肾脏变软、肿大，肝脏灰白带有小的出血点，肠内充满带血的或淡红色的黏液，后肠及肛门常有出血症状、肿大。此病多发于春季或初夏。

【防治方法】①注意水质调节，降低池水中有机质的含量，定期使用光合细菌；②加强底质的改良工作，消除池底的腐败物质，每半个月施用 1 次光合细菌和增氧底保净的合剂；③全池泼洒聚维酮碘溶液，连用 2 次，并内服败血宁、安菌克和维生素 C 钠粉的合剂，连用 5～7 天。

131 如何防治斑点叉尾鮰肠道败血症？

【病原】此病主要是由爱德华菌感染引起，所以又叫爱德华菌病。

【症状】病鱼可能会出现几种不同的症状。初期病鱼胸鳍两侧有直径 3～5 毫米的损伤，随之逐渐扩大，患病成鱼损伤的肌肉有恶臭气体。有的病鱼肌肉有细小的红斑或充血，肝脏及其他内脏器官有红色的斑点，鳃丝苍白；有时病鱼皮肤上出现灰白色的斑点。爱德华菌有时感染脑部，导致病鱼做环状游动，不久死亡。

【防治方法】患病后，全塘泼洒二氧化氯泡腾片，并内服败血宁Ⅱ＋氟苯尼考粉＋安菌克＋鮰菌消。做成药饵投喂 5 天，每天 2 次。

132 如何防治斑点叉尾鮰柱状病？

【病原】该病由柱状屈桡杆菌等引起。

【症状】发病初期，鱼的头部、躯干部或鳍条出现灰白色或稍有充血的腐烂区域；当病情加重时，病鱼皮肤受损，露出其下的肌肉组织，随后可因细菌败血症造成鱼的死亡。此病一年四季均可发病，以春末、秋初多发。幼鱼在高温、密度过大、机械损伤或水质恶化时更易感染，并会引起批量死亡。

【防治方法】①注意水质调节，降低池水中有机质的含量，定期使用光合细菌；②加强底质的改良工作，消除池底的腐败物质，每半个月施用 1 次光合细菌和增氧底保净的合剂；③使用特效止血停全池泼洒，连用 2 天，每天 1 次。拌料投喂鮰专用多维＋鮰菌消＋氟苯尼考粉＋安菌克，连用 5 天。

133 如何防治斑点叉尾鮰爱德华氏菌病？

【症状】感染鮰爱德华氏菌后，病鱼游动缓慢，时有头朝上、尾向下呈垂直漂浮状态，腹部肿胀有浅色小血斑，突眼，大部分鱼体头顶部出现 1 条隆起瘤状物，溃破后露出头骨，鳃丝严重贫血，腹腔内腹水，全肠充血，肝肾肿大呈暗红色，严重时肝脏溃疡出现蜂窝状空洞，鱼鳔外壁有血丝。

【防治方法】①在捕捞、运输、放养的过程中勿让鱼体受伤，放养前进行消毒处理；②外用特效止血停全池泼洒，第二天使用二氧化氯速溶片（全池抛洒）；③内服氟苯尼考粉＋肝胆康＋安菌克＋环肽免疫多糖，连喂4～6天，效果较好。

 如何防治斑点叉尾鮰腹水病？

腹水病，是斑点叉尾鮰在鱼种养殖过程中会经常遇到的。主要分为胃内有大量白色透明的积液和体腔内充满淡黄色腹水两种情况。

【防治方法】

（1）只是胃内有白色积液：出现这种情况是鱼缺氧引起的。鱼苗虽然个体体重不大，但密度很大，耗氧量也非常大。鱼苗在出现溶氧不足时，会浮上水面，用嘴张开呼吸空气中的氧气，此时食道的贲门打开，水就随之流进胃里了。出现这种情况鱼苗会持续零星死亡1周左右，在这期间可以结合加强增氧，调节水质培藻补菌，施用消毒剂可以处理好鱼病。

（2）体腔内充满淡黄色腹水，这是一种细菌感染和饲料投喂较猛造成的。此时需要减低饲料投喂量，结合内服肝胆利康散＋败血灵Ⅱ＋酶合多维＋克瘟灵Ⅱ＋复方磺胺甲噁唑粉拌料投喂，下午投喂1次，连续投喂5～7天为一个疗程。

如何防治斑点叉尾鮰车轮虫病、毛管虫病？

车轮虫、毛管虫寄生于斑点叉尾鮰的鳃部，严重时导致其鳃组织肿胀、贫血，有时腐烂。对鱼种和成鱼都能造成严重危害。

【防治方法】第一天使用特轮灭全池泼洒，第二天使用二氧化氯速溶片全池泼洒消毒，开足增氧机，傍晚使用底加氧加底居安改良底质。

 如何防治斑点叉尾鮰指环虫病？

【病原】为指环虫。

【症状】主要寄生在斑点叉尾鮰的鳃上，有时也寄生在其皮肤、鳍、口腔或鼻腔等处。少量寄生时，症状不明显；大量寄生时，病鱼鳃丝黏液增多，鳃丝受到指环虫后固着器的刺激和破坏而肿胀或贫血，鳃呈苍白色，分泌大量黏液，有的整个鳃部没血色或感染真菌。病鱼呼吸困难，游泳缓慢，鳃盖难以闭合，最后窒息而死。

【预防方法】①降低养殖密度，以减缓此病蔓延的速度，降低发病强度；②养殖网箱勤换洗结合定期泼洒生石灰水，既可改善网箱中的水环境，又可减少网箱上的附着物，保持网箱清洁；③每天要勤捞飘浮在网箱内外的垃圾、杂物，死鱼不能随意丢弃入水，要集中统一处理；④坚持少量多餐的投喂原则，选择鲜度好、适口佳的饵料投喂，并在饵料中定期添加复合维生素，增强鱼体质和抗病能力；⑤在养殖水域水流较缓，且水质较肥、透明度低时，要增加增氧机数量，这样既可增加水中的溶解氧，又可加强水的流动性，改善水环境，同时还会提高饲料的转换率和利用率。

【治疗方法】①用克虫威挂袋或药浴；②用 3%～5% 的盐水浸洗 3～5 分钟，具体时间可视鱼体质情况而定；③用高锰酸钾溶液药浴，具体浓度、时间视鱼体质情况而定；④在饲料中投喂内服虫清，可有效杀灭指环虫。

137 如何防治斑点叉尾鮰水霉病？

【病原】为水霉菌。此病多发生在水温较低的冬天或早春，体表受伤的鱼极易受水霉菌的寄生。

【症状】水霉开始寄生时，肉眼一般不易觉察，当肉眼可见时，菌丝已向内外扩展，向外扩展的菌丝呈棉花状。病鱼患处肌肉腐烂，行动迟缓，食欲减退，最终死亡。

【防治方法】①全池泼洒水霉净，连用 2 天；第三天开始全池泼洒二氧化氯，连用 3 天；②每个网箱（3 米×3 米）吊挂 1 袋三金菌毒消或二氧化氯片，也可视鱼体质情况适当加大药物用量；③在饲料中添加五倍子末投喂，连用 3～5 天，在投喂的同时进行挂袋效果更佳。

138 如何防治斑点叉尾鮰维生素 C 缺乏症？

维生素 C 是动物生长、代谢及维持正常生理机能所必需的营养要素，并且在组织创伤恢复和抵御疾病侵袭等方面具有重要作用。使用单一原料（如单用菜粕、糠粕）或低价劣质配合饲料养鱼，容易导致鱼类缺乏维生素 C。鱼开始生长减缓，饵料系数增高，以后眼球突出、虹膜周围充血，体内外可见出血点，鳍、皮肤腐烂，抵抗力下降，最后死亡。

【防治方法】①在饲料中添加维生素 C 钠粉，连用 5～7 天；②全池泼洒维生素 C 钠粉或鑫洋泡腾 C，连用 2～3 次，可有效缓解症状。

139 如何防治斑点叉尾鮰肠套叠病？

【病原】此病由嗜麦芽寡养单胞菌引起。

【症状】病鱼的眼观病变主要为体表（特别是腹部和下颌）充血、出血，并出现褪色斑，腹部膨大，腹腔内充有淡黄色或带血的腹水，胃肠道黏膜充血、出血，肠道发生套叠，甚至肠腔内充满淡黄色或含血的黏液。

气温突变是诱发该病的直接原因。该病发病突然，传染快，死亡率高，各种年龄的斑点叉尾鮰都可发病，以体表出现圆形或椭圆形的褪色斑、腹水、肠炎和肠套叠为病变特征。

【防治方法】每天投喂量减为正常投喂量的 1/3，在饲料中加入鮰菌消＋氟苯尼考粉＋安菌克＋龙胆泻肝散共同投喂。每天 2 次，连用 6～8 天；外用特效止血停全池泼洒。

140 斑点叉尾鮰遇到转食应激综合征怎么办？

斑点叉尾鮰水花下塘后，摄食浮游生物 4～5 天后，就开始投喂鱼苗专用粉状饲料补充饵料，这时候就出现鱼苗开始死亡现象。病鱼的症状是：腹部膨大，胃内及腹腔内充满白色积液，头部、尾部充血，出现这种情况的原因是粉料投喂太多太猛，幼鱼胃肠道消化系统还没有完全适应饲料，消化酶及胃肠道功能还不健全所致。

【防治方法】

（1）全池泼洒高碘，严防因鱼苗体质下降引发的细菌继发感染。

（2）全池泼洒超浓芽孢精乳＋多维应激灵，促进水质稳定，减轻鱼苗应激反应，提高自身抵抗力。

（3）内服鮰专用多维＋氟苯尼考粉。

（4）减少饲料投喂量，把饲料用水（或者超浓芽孢精乳）调成团状投在料台上投喂。

六、鳗病害防治篇

141 鳗氨中毒怎么处理？

【症状】病鳗体色偏黄褐色，体表无光泽，皮肤粗糙，食欲不振，饵料转换率下降。鳃充血严重，呈褐色或暗红色，鳃丝肿胀，血窦数量大，黏液多，鳃瓣增生粘连。病鳗不聚群上饵料台摄食，于饵料台下咬食并吐出所咬饵料。严重时，池水呈褐色，池水表面泡沫多，于池边可闻到恶臭味。病鳗游动无力，往往于傍晚前聚积于水中央，浮于水面呈缺氧状，驱赶能散开，但又很快聚积于池中央水面，严重时，病鳗几乎不游动，呈竖立状，头向上，躯干向下直立浮游。内脏往往表现为脾、肝、胆囊肿大。

该病常发生于高密度养殖的幼鳗及成鳗，尤其于夏秋高温季节往往易造成急性中毒。冬季为了保持适宜水温节省加热费用，常将养殖密度提高，减少换水量，减少搬池频率，易造成水质恶化，呈慢性中毒现象。在水源好、水量充足、换水量高的养殖池较少发生。水源水质差、换水率低的养殖池在越冬期易发生。急性中毒易导致批量死亡，慢性中毒一般死亡率低，但严重影响鱼体摄食和正常生长。

【防治方法】①用生石灰 20 克/米^3 全池泼洒，每天 1 次，连续 3 天；②用高锰酸钾 2～3 克/米^3 全池泼洒，每天 1 次，连续 3 天；③用降硝氨等水质改良剂连续泼洒 2～3 天；④使用微生物制剂如光合细菌等消除氨氮、亚硝酸盐。

142 怎样防治鳗赤鳍病？

【病原】为嗜水气单胞菌。

【症状】病鳗臀鳍、胸鳍发红，躯干部和头部的腹侧皮肤有出血点和出血斑，严重时：全面发红，甚至躯干背部和背鳍也呈红色。病鱼不吃食，肠内无食物，常有黄色或乳白色带血的黏液状物。鳃贫血，呈淡红色，有出血点。病鱼常独游，靠近池壁静止不动，或紧靠池塘边甚至爬上池边用皮肤呼吸。有的病鱼头部朝上，无力地竖游。病鱼大多在几天内死亡。

该病主要经过肠道感染。带菌鳗是主要传染源。嗜水气单胞菌是条件致病菌，能存在于富含有机物的水及底泥中，在养鳗池中广泛存在。当水质恶化、水温剧变或捕捞、搬运后鱼体受伤，造成鱼体抵抗力下降，或越冬后期鱼体抵抗力下降时，易造成肠壁上皮细胞发生退化性变化、脱落、崩解，这些崩解物为嗜水气单胞菌提供了良好的营养，因而容易暴发该病。

【预防方法】①加强饲养管理，保持优良水质，增强鱼体抵抗力；②及时用聚维酮碘溶液对鲜活饵料进行处理，并经常对食场周围进行消毒；③在发病季节，全池泼洒生石灰 15～20 克/米³，每月 1～2 次，使池水的 pH 保持在 8 左右。

【治疗方法】全池泼洒二氧化氯或聚维酮碘溶液，同时内服肝胆康、氟苯尼考粉、维生素 C 钠粉，每天 2 次，连用 3～5 天。

143 如何防治鳗败血症？

【病原】为气单胞菌中的温和气单胞菌、豚鼠气单胞菌和嗜水气单胞菌。但近期超微病理组织研究发现，在病鳗肝脏、鳃和消化道细胞中存在病毒粒子，由于养殖生产中单纯控制细菌的方法已无法控制病情，而且导致病情的加剧，因此，不排除由病毒致病的可能性。

【症状】病鳗体弱，在水流缓慢处顺水游动或于池底逆水游动，不摄食，体色变浅；鳃盖膜水肿、充血，鳃瓣水肿、色变浅，鳃丝呈烂鳃症状。严重时头部充血；胸鳍、臀鳍充血；腹部膨胀，腹部皮肤出血点连成片状，使整个腹部皮肤发红，轻摸腹部，手上能沾血丝；肛门红肿、外突。解剖病鳗，从腹部流出血水，内脏器官呈严重贫血状态。肝脏呈苍白色，胆囊肿大，胆汁色浅，使胆囊呈黄色或无色。消化道无食物、常充血。肾脏肿大。脾脏肿大、呈褐色。

鳗败血症是近年欧洲鳗鲡养殖过程中危害最严重的疾病之一，几乎所有欧洲鳗养殖场均有发生，发病率约90％，由此造成的死亡率为苗种投放量的5％～10％。从白仔至成鳗期均可发生，发病高峰为3～8月，一般发生于鳗苗放养后60～120天，尤其是在规格达10～20克、水温达25℃以上、水质恶化或突变的养殖池。使用驱虫剂驱除拟指环虫也易引发此病，也有无上述诱导条件发病的案例。一般一口塘发病后，全场养殖池陆续发病，但发病池治愈后至养殖周期结束基本不再发生本病。

【防治方法】①在疾病流行季节，避免使用刺激性强、副作用大的驱虫剂，保持适当的投饵量和维持良好的养殖环境能减少发病率。②定期使用光合细菌或增氧底保净等改良水质的产品，保持水质清新。③定期投喂维生素C钠粉、安菌克和出血停等具抗病毒作用的中草药，以提高机体的抗病能力。④大量拟指环虫感染时使用指环虫杀星驱除虫体后，需再用聚维酮碘溶液全池泼洒，连用2～4天；在严重死亡时，可以在上述处理的同时，再在池水中添加0.1％～0.3％的食盐控制死亡率。

144 如何防治鳗皮肤溃疡症？

【病原】疑为嗜低温细菌。本病流行于水温低于20℃的季节，一般于12月至翌年5月流行，流行高峰为1～4月，当水温高于23℃时不发生。由于近年在越冬过程中一般不加温，导致本病不断蔓延，传染速度快，引起的死亡率一般达1％～5％。

【症状】病鳗主要症状为体表局部斑块状黏液增生、脱落，外皮裸露，出现烧伤状斑块病灶，进而病灶溃疡或受真菌感染，肝脏、胆囊肿大，色变浅，脾脏肿大，色加深，肾脏肿大。病鳗于水流缓慢处的水面缓慢游动。发病前期死亡少，当病灶溃疡或受真菌感染后死亡率升高。

【防治方法】①越冬期水温保持 23℃ 以上能避免本病的发生；②最有效的治疗方法为升温至 23～25℃ 后，全池泼洒氟苯尼考 2～3 克/米³，每天 1 次，连续 2 次，能有效控制病情的发展，保持水温 10 天以上，症状基本消失；③如伴有水霉感染，应同时使用二氧化氯或聚维酮碘溶液等做消毒处理；④全池泼洒鑫醛速洁也有较好的治愈效果。

 如何防治鳗消化道出血糜烂症？

【病因】该病是由于饲料中挥发性盐基氮（VBN）和组胺超标或酸价超标所造成的。

【症状】病鳗的主要症状为：起初消化不良，严重时病鳗不摄食，体质弱，体表具出血小点，肠黏膜脱落，肠道糜烂出血，肠腔内具有出血点及凝集的血块，胃黏膜严重脱落，胃积水。肝脏肿大，呈淡黄色或糜烂，胆囊、脾脏肿大。主要发生于摄食旺盛的夏、秋季节，发病后期引起大量死亡。

【防治方法】①控制鱼粉的质量，使用质量优良的白鱼粉、减少红鱼粉的使用量，能有效防止本病的发生；②发现病情后，停止投饵 3～5 天，改投优质饲料，降低投饵量以适当控制消化道细菌感染，待鳗恢复正常后再恢复投饵量。

 如何防治鳗红点病？

【病原】为鳗败血假单胞菌，为革兰阴性细长杆菌。

【症状】病鱼体表各处点状出血，尤以下颌、鳃盖、胸鳍基部及躯干部为严重。病鱼开始出现上述症状后，一般在 1～2 天内死亡。如将这些病鱼放入容器内，鱼就激烈游动，接触容器的部位急速出现出血点。

【防治方法】①必须采取外泼消毒药和内服药饵相结合的措施。同时，环境的改善对于此病的治愈也有很大的帮助，所以在使用药物治疗之前，应先泼洒增氧底保净或降硝氨来调节水质。②全池泼洒二氧化氯，连用两次，同时内服复方磺胺甲噁唑、维生素 C 钠粉和三金出血治的合剂，连喂 5～7 天。③全池泼洒富氯，连用 2～3 次，同时内服氟苯尼考、维生素 C 钠粉和三金出血治的合剂，连喂 5 天。

147 如何防治鳗烂鳃病？

【病原】为黏细菌。寄生于鳃组织。

【症状】病鳗软弱无力，呼吸急促，体色苍白。挤压鳃部可见鳃孔流出混有血液的黏液，鳃部呈淡白色，溃烂并附着污物或藻类。割开腹腔，内脏无血色。

【防治方法】①加强水质管理，可减少该病发生和危害。②初夏至盛夏期间，注意投饵量，不要过多投喂，以 2% 为宜。同时可在配合饵料中添加铁剂，以防治鱼贫血。③在饲料中经常添加维生素 C 钠粉，有一定疗效。④全池泼洒二氧化氯，连用 2 次，同时内服复方磺胺甲噁唑、维生素 C 钠粉的合剂，连喂 5～7 天。⑤全池泼洒鑫洋血尔，连用 2 次，同时内服肠鳃宁、维生素 C 钠粉的合剂，连喂 3～5 天。

148 如何防治鳗鳃霉病？

【症状】该病症状与烂鳃病相似，所以常被误诊为烂鳃病。病鳗鳃呈丝状溃烂、泛白，并附着污物。该病系由鳃霉引起，其菌丝在鳃组织中不断扩展，穿越血管和软组织，破坏组织，堵塞微血管，阻碍气体交换，使鳗鱼呼吸困难，缺氧致死。水中有机物过多或水质恶化易诱发该病。

【防治方法】①加强水质管理，发病后迅速加入新水，或将病鳗移到水质较好的池水中；②使用 3 毫克/升的福尔马林药浴治疗12 小时；③用小苏打、食盐混合全池泼洒，用量均为 4 克/米^3；④内服五倍子末，同时外用泼洒二氧化氯，效果较好。

159 如何防治鳗爱德华菌病？

【病原】该病由爱德华菌感染引起。此病分为肝脏型（化脓性肝炎病）和肾脏型（化脓性造血组织炎）两种。

【症状】肝脏型主要表现为鳗的前腹部（即肝脏部位）肿大、充血或出血，腹壁肌肉坏死，皮肤软化。严重时前腹部穿孔，肝脏露出。解剖可见肝脏肿大，有白色脓溃疡灶。

肾脏型主要表现为肛门红肿突出，肛门前的肾脏部位肿大，肌肉坏死，皮肤充血，挤压腹部有腥臭的脓血流出。解剖可见脾脏、肾脏肿大，有小脓溃疡灶。有的病鳗肝脏、肾脏都有明显症状。此时，病鳗往往鳍条充血，可见胃肠肿胀或轻度充血。

从白仔鳗到成鳗均可发病，特别是白仔鳗投喂水蚯蚓1周左右最易发生急性流行，引起大批死亡。本病流行地域广，全国各养鳗地区均有发生。露天池中从春季到秋季均有发生，夏季水温30℃左右时最为流行。温室养鳗无明显季节性，终年均可发生。

【防治方法】①控制合理的放养密度，加强饲养管理，保持水质清洁。②白仔期间投喂的水蚯蚓经过清洗、消毒（溴氯海因10克/米^3），可预防此病发生。③使用聚维酮碘溶液全池泼洒，使浓度达0.1~0.2克/米^3，隔天再泼洒1次；并在饵料中拌入复方磺胺甲噁唑、肝胆利康散和维生素C钠粉，连喂5天。④使用二氧化氯全池泼洒，或塘毒清全池泼洒，隔天再泼洒1次，并在投喂的饵料中加入复方磺胺甲噁唑、肝胆利康散和维生素C钠粉，连喂5天。

150 如何防治鳗赤鳍病？

【病原】为嗜水气单胞菌。

【症状】病鳗臀鳍、胸鳍发红，头部和躯干的腹侧皮肤有出血和出血斑，严重时上述部位全面发红，甚至躯干背部和背鳍也呈红色。病鳗不吃食，靠近池壁静止不动，有的头部向上，无力地竖游，多数在几天内死亡。解剖观察，肠道明显充血、发红，肝脏瘀血呈暗红色，肾脏肿大。

赤鳍病是一种常见病，也可出现暴发性流行，危害严重。主要在露天池流行，各种规格的鳗都可患病。在春季水温上升期、秋季水温下降期以及天气不稳定的梅雨期，容易发生和流行。一般在高水温期发生流行较少。

【防治方法】①用聚维酮碘溶液全池泼洒，使浓度达 0.2 克/米^3，同时内服复方磺胺甲噁唑和维生素 C 钠粉的合剂，连喂 5～7天；②使用鑫醛速洁全池泼洒，同时内服氟苯尼考和维生素 C 钠粉的合剂，连喂 5～7 天。

 如何防治鳗弧菌病？

【病原】为鳗弧菌。

【症状】病鳗体表点状出血，其中尤以腹部、下颌及鳍较为明显，躯干部皮肤褪色、糜烂或隆起。有的病鱼体表出现出血性溃疡，肠道通常充血，肝脏、肾脏肿大，肝脏呈土黄色，点状出血。有的病鳗腹腔中有腹水。A 型鳗弧菌引起的症状及病变与赤鳍病几乎相同；B 型鳗弧菌引起的症状则以体表出现溃疡为特征，体表、鳍条发红和肝脏瘀血等症状也有表现。

本病的发生与红点病一样，与池水中的盐分有密切的关系，在完全用淡水养殖的鳗中通常不会发生。鳗弧菌广泛分布于沿岸海水和海底，是条件致病菌，当水质不良、鱼体受伤时容易引起发病。鳗弧菌主要是由种苗携带进入淡水养鳗场的。

【防治方法】①用聚维酮碘溶液全池泼洒，使浓度达 0.2 克/米^3，同时内服复方磺胺甲噁唑和维生素 C 钠粉的合剂，连喂 5～7天；②使用二氧化氯全池泼洒，同时内服肠鳃宁和维生素 C 钠粉的合剂，连喂 5～7 天；③使用鑫醛速洁全池泼洒，同时内服氟苯尼考和维生素 C 钠粉的合剂，连喂 5～7 天；④浸泡或注射鳗弧菌灭活疫苗，可有效预防该病的发生。

 如何防治鳗狂游病？

【病因】病因不明，怀疑为病毒感染，并与水质恶化、营养不良有关。

【症状】发病前出现异常抢食、食欲极为旺盛的现象，数日后可见鳗不摄食，在水中乱窜。3～5 天后，病鳗出现反应迟钝，鳍红，烂鳃，烂尾，肝脏肿大、充血或发白等症状，呈极度虚弱衰竭而死。死后鱼体僵直，头上扬。此病死亡率达 90% 以上。

此病流行时间为 4～11 月，其中 5～6 月最为严重。欧洲鳗最易得病。

【防治方法】①保持水质清洁，并避免投饵过量，经常清除残饵；②投饵高峰期可每 15 天用增氧底保净全池泼洒，配合用降硝氨（500 克/亩）降低水体氨氮含量，效果更佳；③每半个月泼洒 1 次光合细菌以改良水质，预防该病的发生；④用聚维酮碘溶液全池泼洒，使浓度达 0.2 克/米^3，同时内服复方磺胺甲噁唑、肝胆利康散和维生素 C 钠粉的合剂，连喂 5～7 天；⑤使用二氧化氯全池泼洒，同时内服肠鳃宁、肝胆利康散和维生素 C 钠粉的合剂，连喂 5～7 天；⑥使用鑫醛速洁全池泼洒，同时内服氟苯尼考、肝胆利康散和维生素 C 钠粉的合剂，连喂 5～7 天。

 如何防治鳗烂尾病？

【病原】为柱状屈桡杆菌和点状气单胞菌。

【症状】发病早期，鳍的外缘和尾柄处可看到黄色或黄白色的黏性物质。严重时尾鳍及尾柄处充血、发炎、糜烂，再严重时尾鳍烂掉，尾柄处肌肉出血、溃烂、骨骼外露，甚至导致继发性细菌性败血病。夏季高温季节容易发病，特别是在鱼体受伤的情况下。本病可见于各种规格的鳗，但以黑仔和稚鳗阶段危害较严重，特别是经常搬运造成皮肤损伤、黏液脱落时最易发生。

【防治方法】①过池、选种、搬运过程中操作要细心，尽量避免鱼体受伤，同时注意过池时要对鱼体消毒，可用 10 毫克/升的聚维酮碘溶液浸泡鱼体 10～15 分钟；②用聚维酮碘溶液全池泼洒，使浓度达 0.2 克/米^3，同时内服复方磺胺甲噁唑和维生素 C 钠粉的合剂，连喂 5～7 天；③使用二氧化氯全池泼洒，同时内服肠鳃宁和维生素 C 钠粉的合剂，连喂 5～7 天；④使用鑫醛速洁全池泼洒，同时内服氟苯尼考和维生素 C 钠粉的合剂，连喂 5～7 天。

154 如何防治鳗指环虫病？

【病原】该病由指环虫寄生引起。

【症状】患指环虫病的鳗外表无明显异常。镜检（100倍）可见头部有4个黑色眼点的虫体，病鳗鳃丝黏液增多，呈暗灰或苍白色，呼吸困难，常离群独游，行动迟钝，摄食量减少。

【防治方法】①彻底用生石灰清塘，杀灭指环虫及其虫卵；②在饲料中添加内服虫清进行预防，每月1次，连用3天；③全池泼洒鑫洋灭虫精或克虫威，隔天使用二氧化氯做消毒处理；④全池泼洒指环虫杀星，第三天使用二氧化氯做消毒处理。

155 如何防治鳗白点病？

【病原】为多子小瓜虫。小瓜虫寄生处形成1毫米左右的小白点，故叫白点病。

【症状】当病情严重时，躯干、头、鳍、鳃和口腔等处都布满小白点，有时眼角膜上也有小白点，并伴有大量黏液，表皮糜烂、脱落，甚至蛀鳍、瞎眼。在鳃上寄生时，虫体周围的鳃上皮细胞增生，有的鳃小片充血、出血或坏死。病鱼反应迟钝，游动缓慢，漂浮于水面，不摄食。

本病主要危害鳗苗和小规格鳗种，欧洲鳗比日本鳗感染率高。流行于水温15～20℃的季节。

【防治方法】①放养前用生石灰彻底清塘，杀灭小瓜虫；②控制合理的放养密度，加强饲养管理，保持水质清洁；③提高水温至25℃以上，维持4～6天可控制病情，然后大量换水，保持水质清新；④施用福尔马林30～50毫克/升连续浸浴2天。

156 如何防治鳗复殖吸虫病？

【病原】为复殖吸虫的卵。主要寄生于鳃组织内，有时在肾脏中也发现虫体。

【症状】病鳗体色变浅，不摄食，呼吸困难，胸鳍发红，鳃丝黏液增生、瘀血、溃烂，鳃小瓣组织间大量寄生圆形或卵圆形卵，卵内原生质致密，发育到一定阶段时，可见卵内约有20个、周生纤毛、近圆形幼体在卵内做旋转运动，最终卵膜破裂，释放纤毛幼虫。内脏表现为胆囊壁充血，胆囊肿大，体内性腺具出血点，肠道充血，鳔壁充血、萎缩。寄生肾脏时肾肿大，寄生处肾组织坏死、溃疡。取鳃及肾组织作水封片，显微镜观察发现鳃丝内有圆形或椭圆形卵，且部分卵内发现有已发育的纤毛幼虫时即可确诊。

【防治方法】①采用生石灰彻底清塘，驱除养殖池中螺类，养殖期定期使用克虫威杀灭浮游生物。②全池泼洒鑫洋灭虫精或克虫威，如病情严重，可连续使用2次。在使用杀虫药后，全池泼洒二氧化氯做消毒处理。③在饲料中添加内服虫清，连用5～7天，同时在第三天和第五天分别使用二氧化氯或鑫洋血尔全池泼洒。

157 *如何防治鳗居线虫病？*

寄生在鳗鳔内的鳗居线虫有三种：球状鳗居线虫、粗厚鳗居线虫和澳洲鳗居线虫。

【症状】鳗居线虫主要寄生于鳗的鳔腔，以吸食鳗血为生。感染鳗居线虫的病鳗摄食不良，生长受到影响，贫血，消瘦，体色较黑。病鳗鳔肿胀，内脏器官受到压迫，血流受到阻碍，鳔组织发炎。病鳗浮在水面不易沉下，逐渐消瘦终致死亡。严重感染时会导致鳔壁破裂，鳗居线虫进入腹腔，引起腹膜炎，导致鳗死亡。

本病流行地区广，发病率高，新养鳗的地区几乎都有此病。体重60～100克的鳗种容易发病，全年均有发生，但以6～9月为多，大量死亡的情况一般较少。

【防治方法】①杀灭鳗居线虫的中间宿主——剑水蚤，可用鑫洋混杀威或鑫洋水蛛威全池泼洒。②用内服虫清拌饵投喂，连用5～7天，同时外用泼洒鑫洋灭虫精。

158 *如何防治鳗胃膨胀？*

现有用作鳗饲料添加剂的微生物制剂的菌株大多数由畜禽用菌

株移植而来，部分菌株并不适用于鳗，盲目使用可能导致鳗肠道菌群混乱、失调，无法正常消化吸收饲料，产生疾病。另外，大多数微生物制剂是利用培养的活菌，若产品使用过程不当，则易被其他菌株污染，使用被污染的微生物制剂也易导致疾病的发生。

【症状】病鱼漂浮于水面，外观胃部膨胀。解剖发现胃内充气、膨胀，胆囊肿大，有时肠道黏膜脱落、发炎，肠道内有黄色黏液或严重积水，并有气泡，脾脏肿大、发黑。

【防治方法】①不使用未经充分论证的微生物制剂和污染的微生物制剂；②停止使用微生物制剂并停食3天以上，然后投喂氟苯尼考和维生素C钠粉的合剂，杀灭消化道污染细菌3～5天后，恢复正常管理。

七、加州鲈病害防治篇

159 *如何防治加州鲈车轮虫病?*

【症状】成鱼无明显症状,常寄生在鱼体表和鳃上(鱼苗主要寄生于体表),体表有一层微白色黏液,鳃丝肿胀,黏液较多,鱼苗出现跑马症状,鱼类晴天下午集群浮头或翘尾。镜检可确诊此病。

【防治方法】全池泼洒车轮净杀灭虫体,第二天使用聚维酮碘消毒防止二次感染。

160 *如何防治加州鲈斜管虫病?*

【症状】鱼体表和鳃组织被破坏,分泌大量黏液,鳃部呈苍白色或皮肤表面形成一层淡蓝色的薄膜。镜检可确诊此病。

【发病规律】22～29℃为高发期。池塘面积小、换水条件差、养殖密度高、水质不良等常易暴发此病。

【防治方法】全池泼洒特轮灭杀灭虫体,第二天使用聚维酮碘消毒,防止二次感染。

161 *如何防治加州鲈指环虫病?*

【症状】主要寄生于鳃部,大量寄生于鱼种时因指环虫的群居性而使鳃部肿胀、张开,难以闭合。成鱼寄生时无明显症状,常表现为吃食不旺、呼吸困难。镜检可确诊此病。

【防治方法】全池泼洒指环虫杀星杀灭虫体,第二天使用聚维酮碘消毒，防止二次感染。

162 如何防治加州鲈烂身综合征？

【病因】因寄生虫寄生或机械损伤（如拉网、长途运输）而继发，有机质过多的水体多发。常与烂鳃病并发。

【症状】体表有一个或数个表皮溃烂的病灶。病鱼躯干、头部出现红斑或红肿，鳞片脱落，严重时肌肉腐烂，露出骨头，病灶通常为圆形或椭圆形。危害对象以成鱼为主，体表损伤后鱼很容易引发此病。

【防治方法】首先全池全池泼洒聚维酮碘，病情严重时再用1次大黄精华素，同时，内服穿梅三黄散＋酶合多维＋氟苯尼考或（恩诺沙星和磺胺）加肝胆康投喂5～7天。

163 如何防治加州鲈烂尾综合征？

【病因】

（1）投喂的冰鲜鱼饵料未消毒（甲醛残留）。

（2）投喂饵料单一（维生素缺乏）。

（3）水中有机悬浮物过多导致水质恶化。

【症状】

（1）鳍条溃烂，特别是背鳍。

（2）并发肝胆综合征，多表现为"花肝"和"白肝"。

（3）鳃下有血泡。

【防治方法】

（1）冰鲜鱼解冻后用聚维酮碘消毒。

（2）定期使用穿梅三黄散加酶合多维内服一个疗程；定期全池泼洒水维康氧化分解水体中过多有机质以改良水质。

（3）第一天全池泼洒解毒专家改良水质，第二天全池泼洒出血停，第三天全池泼洒大黄精华素。同时，内服复方磺胺甲噁唑粉＋克瘟灵3＋穿梅三黄散＋酶合多维5～7天。

164 *如何防治加州鲈出血病？*

【症状】眼眶四周、鳃盖、空腔、鳍条出血，严重时全身呈红色，肠道、肝脏充血肿大，腹腔内有腹水。池塘内几种鱼同时有死亡现象。

【防治方法】全池泼洒出血停。同时，内服克瘟灵 3＋酶合多维＋肝胆康 5～7 天（死亡量大或首次用药，首先用解毒专家改良水质消除鱼类应激反应）。

165 *如何防治加州鲈烂鳃病？*

【症状】病鱼鳃丝腐烂且带有污泥，鳃盖表皮充血，发炎腐烂，严重时形成"开天窗"。养殖各阶段均可感染。20℃以上开始流行，最适水温为 28～35℃，常与细菌性疾病（肠炎、赤皮、烂身）和寄生虫疾病并发。

【防治方法】与寄生虫病并发时，第一天全池泼洒锚头鳋克星，第二天全池泼洒聚维酮碘，第三天全池泼洒出血停。同时，内服克瘟灵 3＋穿梅三黄散＋酶合多维 5～7 天（没有寄生虫寄生时，第一天可省略）。

166 *如何防治加州鲈诺卡氏菌病？*

【病因】投喂海水冰鲜鱼引发，水质恶化。

【症状】鱼体色发黑，在水面上漫游（多在池塘下风处），食欲下降。解剖发现，肝脏和脊柱边有小白点。随着病情发展，心脏、脾脏、肠道等器官都会出现小白点，严重时深层肌肉也出现小白点。

【防治方法】诺卡氏菌为革兰阳性分支杆菌，对磺胺类药物、大环内酯类药物和喹诺酮类药物比较敏感。①冰鲜鱼饵料用聚维酮碘消毒；②第一天全池泼洒解毒专家改良水质，第二天全池泼洒出血停，第三天全池泼洒大黄精华素。同时，内服克瘟灵Ⅲ＋酶合多维＋穿梅三黄散＋肝胆康 6～7 天（病情严重时加倍用量）。

八、海水鱼类病害防治篇

167 怎样防治海水鱼烂身病？

【病原】该病由细菌感染引起。

原病鱼体表局部或大部分出血、发炎、肌肉溃烂，鱼体两侧及腹部最明显，严重时鱼鳍的基部出血，尾鳍末梢腐烂呈破烂的纸扇状。

【防治方法】①用复方磺胺甲噁唑按1%添加量拌饵投喂，3～6天为一个疗程，病情严重时可连用2个疗程；②养殖过程中定期用聚维酮碘溶液或塘毒清对池水进行消毒。

168 怎样防治海水鱼肠炎？

【病原】该病由细菌感染引起。

【症状】病鱼体色灰黑，腹部肿大，肠壁充血、发炎，肛门外突、红肿，肠道肿胀呈紫红色，有许多腹腔液。

【防治方法】①养殖过程中定期用二氧化氯速溶片或塘毒清对池水进行消毒；②鱼种放养前用50克/米^{3}的聚维酮碘溶液浸泡5～10分钟；③按1%的比例在饲料中添加克瘟灵Ⅱ或复方磺胺甲噁唑，每天投喂药饵2次，3天为一个疗程。预防时每半个月投喂1次。

169 怎样防治海水鱼弧菌病？

【病原】为鳗弧菌、副溶血弧菌、溶藻弧菌。

【症状】病鱼体表有溃疡。早期体色呈斑块状褪色，食欲不振。中度感染时鳍基部发红或出现斑点状出血，肛门红肿，眼球突出，腹部膨胀，内有腹水。

【防治方法】①定期用二氧化氯、塘毒清等对池水进行消毒；②发病早期全池泼洒聚维酮碘溶液，可有效控制疾病的蔓延；③定期在饲料中以1%的比例添加复方磺胺甲噁唑，有一定的疗效；④全池泼洒超浓芽孢精乳、光合细菌等微生物制剂，可有效地抑制有害菌的孳生和改良水质，对预防和治疗均有较好作用。

170 怎样防治假单胞菌病？

【病原】该病由假单胞菌感染引起。

【症状】病鱼皮肤褪色、鳃盖出血、鳍腐烂等。有的体表形成溃疡和疖疮。解剖消化道内充满黄色黏液，肝脏淡黄色或暗红色，幽门出血。

【防治方法】①在饲料中以1%的比例添加复方磺胺甲噁唑，3天为一个疗程；②定期使用聚维酮碘溶液、鑫醛速洁等进行水体消毒；③将水温升至15℃以上，病鱼可逐渐自愈。

171 怎样防治海水鱼烂鳃病？

【病原】该病由细菌感染引起。

【症状】病鱼体色发黑，尤其是头部，鳃丝局部溃烂，严重者鳃盖内外面充血、发炎，眼珠变白，角膜脱落。

【防治方法】①发病后及时用杀灭海因或塘毒清对池水进行消毒，必要时可连用2天；②用复方磺胺甲噁唑按1%添加量拌饵投喂，3～6天为一个疗程，病情严重时可连用2个疗程。

172 怎样防治海水鱼白点病（小瓜虫病）？

【病原】为刺激隐核虫，又叫“海水小瓜虫”。隶属隐核虫属，寄生于海水硬骨鱼类的皮肤、鳃的上皮，可引起鱼类的传染性疾病。

【症状】病鱼一般表现为身体不适，经常与池底或池壁摩擦、碰击，腹部及鳍多有伤痕，呼吸困难，体表和鳃的黏液增多，食欲减退，游动异常，严重时病鱼体表形成一层混浊的白膜，体表、鳃、眼角膜和口腔处可见许多白点。特别是鲽形目鱼类（如牙鲆、舌鳎等）常常表现为在池底"抬头"。在发病前期，需要仔细观察才能发现症状，因为这一时期鱼群仅呈现不正常的游水，食欲减少，没有经验的人不会怀疑是刺激隐核虫病。然而，这一时期正是治疗的最好时期，如果不及时治疗，鱼类将会因长期消瘦、窒息而死。

【预防方法】①药饵预防。大蒜是预防该病的有效药物。因为大蒜不仅对鱼的体内外寄生虫有一定的杀灭作用，还对细菌、真菌和病毒有一定的杀灭和抑制作用。②换水和改变水环境。最好每天用新鲜海水交换掉50％的池水。注意换水时，水源要清洁、无污染。注意进水口要有过滤设备，过滤掉杂鱼、虾和水草等杂物，因为刺激隐核虫包囊常常是跟随这些杂物进入池内的。换水有助于清除包囊和幼虫，减少传染机会，还可以增加鱼的免疫力，防止继发性感染。

【治疗方法】①用 0.25～1.0 毫克/升硫酸铜浸泡 4～8 天；②用0.2～0.7毫克/升硫酸铜和硫酸亚铁（5：2）合剂浸泡 4～8 天；③用 100～200 毫克/升福尔马林溶液浸泡 2 小时，每晚 1 次，连用4～6 天；④用 40～60 毫克/升福尔马林溶液结合抗生素，浸泡4～6 天；⑤用特轮灭按 150～200 克/（亩·米）的浓度全池泼洒。

173 怎样防治鲈出血病？

【病原】该病由病毒感染引起。

【症状】病鱼体表两侧充血、出血，上颌、下颌及吻部充血，鳍基和鳍膜充血、出血，严重时病鱼鳞片脱落，有的形成溃疡斑，解剖肠壁有充血现象。

【防治方法】①用聚维酮碘溶液 100 毫克/升浸泡鱼体 15～20

分钟，可减少此病的发生和传播；②内服败血宁，以 1‰ 比例添加在饲料中，一般连用 3~5 天，病情严重时可加倍；③在日常管理中加强对水体的消毒，定期用杀灭海因Ⅱ或塘毒清全池泼洒。

174 怎样防治牙鲆弹状病毒病？

【病原】该病由牙鲆弹状病毒（HRV）引起。

【症状】病鱼体表和鳍部充血，腹部膨大且内有腹水，肌肉、鳍基部可见点状出血，生殖腺瘀血，脑出血。鱼体发病时，水温一般都在 15℃ 以下。幼苗期和稚鱼期的鱼易患此病。

【防治方法】①保持水温、水体盐度的稳定，不选用毒性大、刺激性强的药物；②定期使用聚维酮碘溶液、二氧化氯等消毒剂对养殖用水进行消毒处理，并在饲料中添加复方磺胺甲噁唑、安菌克以增强牙鲆的抗病毒能力。

175 怎样防治大菱鲆鞭毛虫病？

【病原】为一种鞭毛虫。

【症状】感染初期体表出现几处小面积的白色斑块，呈不规则状，1~2 天内遍及全身。鳃丝及白斑处有大量黏液和寄生虫体。病鱼食欲差，消瘦，游泳迟钝。

【防治方法】①用硫酸铜和硫酸亚铁合剂全池泼洒；②全池泼洒纤毛净，用量为 150~200 克/（亩·米），再用二氧化氯对池水进行彻底消毒。

176 怎样防治大菱鲆纤毛虫病？

【病原】该病由指状拟舟虫寄生引起。

【症状】病鱼食欲不振，体表、鳍及鳃盖内侧发红、出血，严重者出现溃烂。幼鱼感染后上浮独游而不底栖。

【防治方法】①养殖场所及水体定期使用鑫醛速洁进行消毒处理；②投喂鲜活饵料时用聚维酮碘溶液消毒后再投喂；③用聚维酮

碘溶液 100 毫克/升浸洗病鱼；④用纤毛净按 150～200 克/（亩·米）全池泼洒，7 天后再用药 1 次。

177 怎样防治大菱鲆淋巴囊肿病？

【病原】该病由淋巴囊肿病毒感染引起。

【症状】发病时病鱼皮肤、鳍和尾部出现许多水泡状囊肿物。

【防治方法】①严格检疫，杜绝病原引入；②饲料中添加复方磺胺甲噁唑，3 天为一个疗程；③发病前后内服肝胆康，连用 10～15 天；④定期用聚维酮碘溶液消毒水体。

178 怎样防治大菱鲆爱德华菌病（腹水病）？

【病原】该病由爱德华菌感染引起。

【症状】病鱼摄食量下降，腹部膨胀，腹腔内有腹水，腹水呈胶水状，肝、脾、肾肿大，出现许多白点，体表发生出血性溃烂。

【防治方法】①内服复方磺胺甲噁唑，每天 2 次，3 天为一个疗程；②定期使用鑫醛速洁、塘毒清等对水体进行消毒处理。

179 怎样防治大菱鲆白化病？

【病因】该病是由于营养缺乏和失衡造成的。

【症状】病鱼背面体表色素异常，出现不规则白色斑块和少量的浓黑着色区域，严重时整个背面呈白色。

【防治方法】①制订适宜的长期控光计划；②强化亲鱼营养，投喂一定量的鲜活饵料以增强卵的营养积累；③给鱼苗提供充足的、高质量的轮虫和卤虫；④降低放养密度。

180 怎样防治大菱鲆红体病？

【病原】为一种似虹彩病毒，有时伴有细菌感染。

【症状】病鱼鳃丝贫血，鳍基部肌肉组织和脊椎骨沿线出现弥散性出血，严重者整个身体呈现皮下弥漫性出血而发红。肠道内无食物，但有大量黄白色脓状物。有时病鱼有打转现象。

【防治方法】①避免投喂冰鲜杂鱼，隔离病鱼，降低水温；②全池泼洒塘毒清或二氧化氯，用量为 100～150 克/（亩·米）。

181 怎样防治大菱鲆疖疮病？

【病原】该病由一种 G^+ 杆菌感染引起。

【症状】发病初期病鱼背部病灶处红肿，然后溃疡形成圆形伤口，严重时穿透整个身体；伤口中央呈黄白色，充满脓状物和大量细菌，周围组织发炎呈红色。

【防治方法】①加强养殖管理，及时清除水底残饵及粪便；②内服复方磺胺甲噁唑，每 1 000 千克饲料用药 5～10 千克；③全池泼洒塘毒清，用量为 100～150 克/（亩·米）。

182 怎样防治大菱鲆白便症？

【病原】该病主要由两种弧菌感染引起。

【症状】病鱼腹部下陷，体色变暗，不摄食或吞食后吐出。解剖可见肠道白浊，内有大量白色物质。有时肛门拖带白便，池底也常出现白色粪便。

【防治方法】①加强养殖管理，及时清除白色粪便和污物；②内服复方磺胺甲噁唑，每 1 000 千克饲料用药 5～10 千克；③全池泼洒塘毒清，用量为 100～150 克/（亩·米）。

183 怎样防治大菱鲆烂鳍病？

【病原】为鳗弧菌。

【症状】病鱼的侧鳍、尾鳍或胸鳍先变浊白，然后出血发红，直至溃烂。有时伴有头吻部和内脏团发红症状。

【防治方法】①加强养殖管理，降低养殖密度，加大换水量，保持池水水质良好；②进行各项操作时要细心，防止擦伤鱼体；③放养前用鑫醛速洁或塘毒清对池水进行消毒处理；④内服复方磺胺甲噁唑，每 1 000 千克饲料用药 5～10 千克。

184 怎样防治大菱鲆黑瘦症？

【病原】为一种弧菌。

【症状】发病鱼苗体色发黑，头大，身体小，呈畸形；活力差，不摄食；发育迟缓，变态率低，最后沉底死亡。

【防治方法】①加强养殖管理，降低养殖密度，加大换水量，保持池水水质良好；②加强清污管理，及时清除池底污物；③内服复方磺胺甲噁唑，每1 000千克饲料添加5～10千克；④内服维生素C钠粉，每1 000千克饲料添加0.5千克。

185 怎样防治大菱鲆鱼苗白鳍病？

【病原】为一种弧菌。

【症状】病鱼背鳍、腹鳍变浊白，鳍的边缘收缩、蜷曲；有些个体的鳍组织略显溃烂，但不出血。内脏团外观呈现橘红色。病鱼体色变暗，不摄食，漂游水面，游泳无力。发病严重时，池水水面起泡，有腥臭味。

【防治方法】①养殖用水先经过滤，再用聚维酮碘溶液、鑫醛速洁等消毒后再使用，以保证清洁；②加大换水量，降低养殖密度，及时清除池底污物。

186 怎样防治牙鲆链球菌病？

【病原】主要是β溶血性链球菌。

【症状】患病鱼体的外观症状不如剖检症状明显。病鱼表现眼球白浊、充血、突出，鳃盖发红，上、下颌充血，肠道发红，腹腔内有积水，肝脏出血等。在养殖高温期易发生此病，主要危害稚鱼。

【防治方法】①尽量保持水质清新，避免过量投喂，并及时清除残饵，以改善水质；②常用二溴海因药浴鱼体，每次不超过2小时，发病季节则定期在饲料中添加土霉素每千克体重1～2克进行内服；③疾病发生后，全池泼洒二溴海因或二氧化氯，保持2小时后换水，每天2次。同时，在饲料中添加氟苯尼考粉和安菌克，连续投喂 5～10 天为一个疗程。

 怎样防治牙鲆传染性肠道白浊症？

【病原】主要是弧菌属细菌。

【症状】患病鱼不摄食，并在养殖池侧壁或角落处聚集成群，活动呆滞。随着病情的发展，鱼体腹部下陷后死亡，且鱼体发病后蔓延快，死亡率高。多发生于变态前期的仔鱼。解剖可见病鱼肠道发白，腹部膨大，消化道内存有大量饲料。

【防治方法】①此病重在加强平时的预防工作，保持良好的养殖环境和合理的放养密度；②加强前期基础饵料生物的营养强化，要求投喂使用油脂酵母及小球藻培育的轮虫等优良饵料；③疾病发生后，全池泼洒二溴海因或二氧化氯，同时在饲料中添加克瘟灵Ⅱ，连续投喂 3～5 天。

怎样防治牙鲆嗜腐虫病？

【病原】该病由嗜腐虫感染所致，多发生在苗种培育阶段。

【症状】病鱼摄食不良，全身黑化，已营底栖生活的幼鱼离群上浮游动。重症者表皮部分白化、呈团块状，黏液增多，鳍、鳃盖内侧发红、糜烂，导致幼鱼大量死亡。

【防治方法】①严格处理育苗用水，器具要彻底清洗消毒；②饵料生物如卤虫等经杀菌处理后再使用，投喂肉糜以少量多次为宜，并严格控制投喂量，及时清除残饵和死鱼；③对已发病的鱼可采用 25 克/米^3 福尔马林全池泼洒，或分别用淡水、添加 7％食盐的海水浸浴 5 分钟。

九、虾蟹病害防治篇

189 如何防治对虾固着类纤毛虫病？

【病原】为固着类纤毛虫，常见的有聚缩虫、草缩虫、累枝虫、钟虫和鞘居虫。

【症状】病虾鳃变黑色，附肢、眼及体表全身各处呈灰黑色绒毛状。取鳃丝镜检可见固着类纤毛虫附着。病虾浮游于水面，离群独游，反应迟钝，食不振，厌食，不能蜕皮，常因呼吸困难而死亡。

【预防方法】①放养前要彻底清塘消毒；②保持池塘 pH 稍偏碱性，并经常消毒；③定期泼洒光合细菌或芽孢杆菌类微生物制剂调节水质。

【治疗方法】①全池泼洒鑫醛速洁；②全池泼洒纤虫净；③全池泼洒鑫醛速洁，但在蜕壳期间或高温季节谨慎使用。

190 怎样防治对虾白斑综合征？

【病原】为一种杆状病毒，成团存在或分散于侵害细胞的细胞核和细胞质中。其侵犯的组织广泛，包括皮肤上皮、淋巴器官、触角腺、造血组织、鳃、肌肉纤维质细胞等。本病的死亡率极高。

【症状】病虾活力下降，空胃，游泳无力，胸腹部常有白色或暗蓝色斑点。发病后期虾体皮下、甲壳及附肢都出现白色斑点或甲壳软化，头胸甲易剥离，壳与真皮分离，肝脏、胰脏溃烂等。可在几天内大批死亡。

【预防方法】①清除淤泥，彻底清塘；②严格对苗种进行检疫，杜绝病原从苗种带入，放养无病毒感染的健康苗种；③严格控制放养密度；④使用无污染和不带病原的水源；⑤投喂优质高效的配合饲料，并在饲料中添加维生素 C 钠粉；⑥及时调控水质。

对本病尚无有效的治疗方法。在发病之后，可采用以下方法减少死亡量：①全池泼洒鑫醛速洁，在饲料中添加虾蟹肠鳃康和维生素 C 钠粉及安菌克的合剂，连用 5～7 天。消毒 5 天后用微生物制剂调节水质。②全池泼洒聚维酮碘溶液，在饲料中添加氟苯尼考、维生素 C 钠粉的合剂，连用 5～7 天。消毒 5 天后用微生物制剂调节水质。

191 怎样防治对虾桃拉病毒病？

【病原】为桃拉病毒，单链 RNA，球状。宿主主要是南美白对虾，主要感染虾类的甲壳上皮（附肢、鳃、胃、食道、后肠）、结缔组织等。

【症状】病虾不摄食，消化道内无食物，游泳无力，反应迟钝，甲壳变软，虾体变红，尤其是尾扇变红，所以本病又称为红尾病。一般幼虾（0.5～5 克）发病严重，死亡率高达 80%。幸存者甲壳有黑斑，即虾壳角质有黑化病灶。

桃拉病毒病有急性期和慢性期（恢复期）两种病程，其症状不同。急性感染常发生在幼虾期，虾苗放养至养殖池后 14～40 天，会发生养殖虾群大量死亡，死亡率高达 90%。病虾不摄食，昏睡，体表色素扩散，即肢体及尾部发红。残存的虾会转为慢性感染，在下次蜕皮时会再次转为急性感染。成虾多为慢性感染，外壳有多处坏死区域，死亡率通常小于 50%。

【防治方法】同对虾白斑综合征。

192 怎样防治对虾传染性皮下及造血组织坏死症？

【病原】隶属小病毒科，单链 DNA。该病毒感染外胚层组织（如鳃、表皮、前后肠上皮细胞、神经索和神经节）和中胚层组织

（如造血组织、触角腺、性腺、淋巴器官、结缔组织和横纹肌），在宿主细胞核内形成包涵体。

【症状】此病是南美白对虾常见的一种慢性病。病虾身体变形，成虾个体大小参差不齐，死亡率不高，但养不大，损失比虾死亡还大。因为病虾一直要吃饲料，同时浪费水电及人工等。如果及早发现，应及早处理掉。

【防治方法】同对虾白斑综合征。

193 怎样防治对虾红腿病？

【病原】为气单胞菌、副溶血弧菌、鳗弧菌及假单胞菌属中的一些种类。

【症状】该病由弧菌感染造成，主要症状是附肢变红（游泳足更加明显），头胸甲的鳃区呈黄色。病虾多在池边慢游，厌食。游泳足变红是红色素细胞扩张造成的，鳃区变黄是甲壳内面皮肤中的黄色素细胞扩张形成的。

【预防方法】①放养前要彻底清塘消毒；②保持池塘 pH 稍偏碱性，并经常消毒；③定期泼洒光合细菌或芽孢杆菌类微生物制剂调节水质；④高温季节在饲料中添加维生素 C 钠粉，提高机体免疫力。

【治疗方法】连续投喂添加虾蟹肠鳃康、维生素 C 钠粉及红体白斑消的饲料 5～7 天，同时全池泼洒鑫醛速洁或聚维酮碘溶液进行消毒，消毒 5 天后用微生物制剂调节水质。

194 怎样防治对虾烂眼病？

【病原】为霍乱弧菌。菌体短杆状，弧形，单个存在，生长适合温度为 35～37℃，盐度 0.5％～1％时生长快，pH5～10 均能生长。

【症状】病虾多伏于水草或池边水底，有时浮游水面旋动翻转；患病初期，病虾眼球肿胀，逐渐由黑变褐，随即溃烂，病重时眼球烂掉，剩下眼柄；细菌侵入血淋巴后，引起肌肉变白而死亡。

【预防方法】①放养前要彻底清塘消毒；②保持池塘 pH 稍偏碱

性，并经常消毒；③定期泼洒光合细菌或芽孢杆菌类微生物制剂调节水质；④高温季节在饲料中添加维生素 C 钠粉，提高机体免疫力。

【治疗方法】①连续投喂添加虾蟹肠鳃康、维生素 C 钠粉及红体白斑消的饲料 5～7 天，同时全池泼洒鑫醛速洁或聚维酮碘溶液进行消毒，消毒 5 天后用微生物制剂调节水质；②连续投喂添加氟苯尼考、维生素 C 钠粉及红体白斑消的饲料 5～7 天，同时全池泼洒鑫醛速洁或聚维酮碘溶液进行消毒，消毒 5 天后用微生物制剂调节水质。

195 怎样防治对虾黑鳃病？

【病原】该病由弧菌或其他细菌（如气单胞菌）引起，主要是由于虾塘有机物过多，水质不好，导致该病菌繁殖。

【症状】病虾鳃丝呈灰色或黑色、肿胀、变脆，从边梢向基部坏死、溃烂。有的发生皱缩或脱落，镜检有大量细菌。病虾浮游于水面，游动缓慢，反应迟钝。

【防治方法】同对虾红腿病。

196 怎样防治对虾烂尾病？

【病原】本病是由多种细菌感染或几丁质细菌感染所致。

【症状】尾扇溃烂、缺损或边缘变黑，部分尾扇末端肿胀，内含液体。严重时整个尾扇被腐蚀，还表现断颈、断足。

【防治方法】同对虾红腿病。

197 怎样防治对虾肠炎？

【病原】为弧菌属或气单胞菌属成员。本病主要是由嗜水气单胞菌感染所致。

【症状】其症状是消化道呈红色，有的虾胃也呈红色，中肠变红并肿胀，直肠部分外观混浊、界限不清。病虾活力减弱，厌食，生长慢，但未发现死虾。

【防治方法】同对虾红腿病。

198 怎样防治对虾褐斑病？

【病原】褐斑病又称甲壳溃疡病或黑斑病，病原为弧菌属或气单胞菌属成员。

【症状】病虾的体表甲壳和附肢上有黑褐色或黑色的斑点状溃疡。溃疡的边缘较浅，稍白；中心部凹下，色稍深。病情严重者，溃疡达到甲壳下的软组织中，有的病虾甚至额剑（虾的额角剑突）、附肢及尾扇烂断，断面呈黑色。病虾溃疡处的四周沉淀大量黑色素，并迅速扩大，形成黑斑。致病菌可从伤口侵入虾体内，使虾感染死亡。

【预防方法】①放养前要彻底清塘消毒；②保持池塘 pH 稍偏碱性，并经常消毒；③定期泼洒光合细菌或芽孢杆菌类微生物制剂调节水质；④高温季节在饲料中添加维生素 C 钠粉，提高机体免疫力。

【治疗方法】①全池泼洒二氧化氯，同时内服虾速康和维生素 C 钠粉的合剂；②全池泼洒鑫醛速洁或聚维酮碘溶液，同时内服氟苯尼考和维生素 C 钠粉的合剂；③水体消毒后 4～5 天，及时泼洒光合细菌或其他有益生物菌调节水质。

199 怎样防治对虾幼体"发光"病？

育苗室内的"发光"现象与自然海域中由原生动物（如夜光虫）或部分发光藻类引起的"发光"现象截然不同，其病原体一般为细菌，即荧光假单胞菌和哈维弧菌。两者适宜繁殖的盐度、温度范围与虾类育苗所要求的理化因子相同。在这同一理化指标内，细菌与人工繁育的虾苗又同处在同一摄食机制和繁育机制中，故极易引起病害发生和蔓延。

细菌感染虾体后，利用虾机体组织作为营养物质进行繁殖发育，并在其固有酶的作用下氧化体内含有的荧光素，进而发出荧光。由于此光为弱冷光，极易被认为是其他光源的反射光而被忽略。受感染的病虾，视其体质强弱程度，呈现出 2～5 天的荧光现象，最后陆续死亡。特别是在幼体变态和蜕皮期间，易导致大批虾突然死亡，严重时会在一夜之间全军覆没。

【症状】幼体感染此病后活力下降，下沉到池水的中下层，在池水表层基本见不到虾苗。糠虾或仔虾中后期感染时，表现为弹跳乏力，趋光性差，摄食减弱或停止，体色呈白浊，基本上不透明。发病虾池在夜间关灯后可看到似繁星闪烁的"荧光"，在水中上下起伏，四处游动。病虾症状与虾苗感染强度呈正相关关系。

一般在5～7月流行最为广泛，因此时进入雨季，大量陆源有机物随径流入海，使近岸水体富营养化，病原菌迅速繁殖。一旦进入育苗流程中，首先会感染病、弱、残苗，然后会快速传播开来，使虾苗的溞状幼体、糠虾、仔虾各期皆因染病而造成严重的危害和损失。

【防治方法】①对育苗设施、用具进行消毒处理；②育苗用水必须经过严格过滤，并用氯制剂、碘制剂等消毒剂杀菌；③定期投放光合细菌、沸石粉等水质改良剂；④采用浓度为1.5～2.5毫克/升的氟哌酸、浓度为1.5～2.0毫克/升的噁喹酸和浓度为1.5～2.0毫克/升的利福平，结合水质调控可取得较满意的效果。

200 怎样防治对虾丝状细菌病？

【病原】为发状白丝菌、毛霉亮发菌或硫丝菌。池水肥、有机质含量高是诱发丝状细菌大量繁殖的重要原因。

【症状】病虾鳃部多为黑色或棕褐色，头胸部附肢和游泳足色泽暗淡，似有棉絮状附着物。严重者鳃变黄色、褐色甚至绿色，附着丝状体。此病妨碍对虾呼吸，当水中溶解氧较低时，此病会导致死亡。

【预防方法】①放养前要彻底清塘消毒；②保持池塘pH稍偏碱性，并经常消毒；③定期泼洒光合细菌或芽孢杆菌类微生物制剂调节水质。

【治疗方法】①全池泼洒鑫醛速洁；②全池泼洒纤毛净；③全池泼洒富氯，但在蜕壳期间或高温季节谨慎使用。

201 怎样防治南美白对虾肌肉白浊病？

【病原】肌肉白浊病，也有人称为白体病、痉挛病或肌肉坏死病。目前主要认为该病是由弧菌感染引起的，水温突变、水质不良、虾受惊扰是该病发生的重要诱因。

【症状】病虾腹部肌肉变白、不透明，有的病虾全身肌肉变得白浊。有的虾体全身呈痉挛状，两眼并拢，腹部向腹面弯曲，严重者尾部弯到头胸部之下，不能自行伸展恢复，伴有肌肉白浊而死亡。镜检变白处肌肉坏死，肌纤维紊乱、横纹不清。池塘水面很难见到病虾，死虾多沉在水底。早期发病摄食正常，死亡之后，变白浊的肌肉变红。该病有较强的传染性，池中若发现有一只病虾，在几天之内会迅速发展到50%以上的虾发病。

【防治方法】①放养密度要合理，切勿过密，高温季节保持高水位，避免理化因子急剧变化，避免人为频繁地惊扰虾；②先施用增氧底保净等底质改良剂，第2天开始施用二溴海因等消毒剂2～3次，3天后全池泼洒光合细菌；③同时在饲料中添加虾速康、维生素C钠粉，每天早晚各1次，连用7天。

202 怎样防治对虾软壳病？

【病因】对虾患软壳病的原因主要有：投饵不足，对虾长期处于饥饿状态，或饲料中的营养成分不全面；池水pH升高及有机质下降，使水体形成不溶性的磷酸钙沉淀，虾不能利用磷；换水量不足或长期不换水；有机磷杀虫剂可抑制甲壳中几丁质的合成，引起对虾的软壳病。

【症状】患病虾的甲壳薄而软，与肌肉分离，易剥落，活动缓慢，体色发暗，常于池边慢游，体长明显小于正常虾。

【治疗方法】①全池泼洒活而爽，改善养殖水质；②饲料内添加聚能钙，其添加量为1%；③用肥水素和氨基多肽肥水膏培养茶色藻类，降低水体pH。

203 怎样防治南美白对虾幼体黏污病？

黏污病又称"胡脚病""黏脏病"，指的是南美白对虾幼体因附肢、体表黏着脏物而得病，该病可发生在幼体阶段的各个时期。患病虾摄食能力减弱，营养不良，继而生长发育受阻，不能蜕皮变态，使脏物越积越多，最终将口器堵塞使幼体因无法摄食而饥饿致死。

【病因】①无节幼体先天不足，本身体质差，活力弱，附肢划动无力，因而刚毛和尾棘易挂脏；②池中原生动物大量繁殖，代谢产物毒害南美白对虾幼体，引起其产生应激反应，分泌过多的黏液；③投饵不当，尤其是 Z1（潘状幼体 1 期）骨条藻投喂过量，引起部分藻类死亡，或因人工饵料投喂不当，造成水质恶化，水质酸性偏大；④池水氧化性或还原性过强，使池水中的可溶性物质及饵料结块，池水变清；⑤幼体感染病原微生物，活力下降。患弧菌病、真菌病、固着类纤毛虫病等，都会引起幼体不同程度地黏污。

【预防方法】①选择以沙蚕为主要饵料培育亲虾，这种亲虾所生产的无节幼体因其卵黄营养丰富，故活力强，易变态，变态后的 Z1 摄食能力强，不会挂污；②对育苗池（尤其是刚出苗的池）要严格消毒，消灭潜在的病原，无节幼体在下池前用甲醛溶液或聚维酮碘溶液消毒；③加强饵料供给，保证幼体营养充足，顺利变态。

【治疗措施】①因无节幼体活力差而挂污的，只要合理投饵，加强营养即可治愈；②幼体轻度黏污，运动和摄食都正常时，促其蜕皮即可，将水温适当升高 0.5～1.0℃，施含有效氯 0.1～0.2 毫克/升的消毒剂可治愈；③因水质不良或环境不适引起的中度黏污病和严重黏污病，除了采取上述措施外，还要酌情调节好池水的理化状态，同时用鑫醛速洁对池水进行消毒；④因幼体感染病原体而引起的黏污病，治疗方法主要以抑制或杀死病原体为主，辅以水质调理。

204 怎样判断南美白对虾不同的"红体"症状？

南美白对虾在发生病毒性的"桃拉综合征"、细菌性的弧菌病及环境因子突变等情况下，虾体在外观上均可表现出"红体"现象，因此必须准确判断及鉴定不同的"红体"症状，做到对症下药，才能取得好的用药效果。

（1）应激性红体　当水环境中各种理化因子（如水温、盐度、pH、氨氮及亚硝酸盐等）突变时，会导致"应激性红体现象"。有时捕捞、施药等外界刺激也会造成这种现象，其特点是触须、尾梢部变红，内脏、体表无变化。

（2）副溶血弧菌性红体　当水质恶化、放养密度过大、弧菌浓度较高时，南美白对虾会发生此病。主要表现为附肢变红，特别是游泳足最为明显，所以习惯上称为"红腿病"。同时，往往身体也变红，壳变硬，但肝脏、胰脏变异不明显。

（3）病毒性红体　又称"桃拉综合征"。其病因是水质恶化、气候变化、苗种带毒及环境传播。主要症状为病虾红须、红尾、红体，不摄食或少食，在水面缓慢游动，捞离水面后一般会马上死亡；甲壳变软，与肌肉分离，基本无红腿现象，但是其肝脏、胰脏肿大或糜烂，肠道发红、肿胀。

205 河蟹"长毛"怎么办？

养殖河蟹在生长过程中，有时会在头胸甲和腹肢上长出毛状物，使蟹的表面很不干净，且行动迟缓，食欲不振，营养不良，呼吸困难，螯足不夹人，甚至不能蜕壳而死。这种情况主要是由河蟹患病所造成的，一定要及早防治，越早防治，效果就越好，可避免造成损失。河蟹患哪些病会出现长毛现象？如何防治呢？

（1）水霉病　水霉菌丝呈灰白色棉絮状，可使蟹身上产生毛状物。发病原因与蟹池水质过肥，不清新，注水量少及蟹体受到机械损伤等有关。防治方法：蟹池用150克/（亩·米）二溴海因，兑水全池泼洒，或用五倍子浸提液配合硫酸锌的混合物进行全池泼洒或浸泡。

（2）固着类纤毛虫病　聚缩虫、累枝虫等寄生或附着在河蟹的背壳、步足及鳃上，形成绒毛状物。发病原因是蟹池水质过肥或长期不换池水。防治方法：首先用降硝氨全池泼洒，30分钟后再用纤毛净（按照每包1亩用量）配合硫酸亚铁（按照每亩水体100～200克），混合均匀，全池泼洒；第二天，用富氯按照每包3亩水体，全池泼洒。

（3）**丝状藻病** 丝状藻菌附着在河蟹体表，使河蟹体表着生较长的绿色丝状绒毛，绒毛弯曲无规律。发病原因与水质过肥，pH小于 7.5，池中长有青苔等有关。防治方法：蟹池用 15～20 千克/（亩·米）生石灰水全池泼洒，以提高 pH；并用塘毒清、克藻灵等进行处理。

206 怎样防治河蟹颤抖病？

【病原】因感染迟钝爱德华菌、弧菌（弗歇弧菌、哈维弧菌等）、嗜水气单胞菌及病毒等引起。其中，由于肝、鳃病变引起颤抖病的占 90％左右，不明病因（包括病毒）引起的占 5％～10％。病蟹有的快速死亡，有的病程长，死亡慢。

【症状】初发病时，蟹行动和摄食缓慢、精神不振；发病后期，蟹趴在岸边水草上，失去摄食能力，浑身发抖，不久即死亡，故被人们称为河蟹"抖抖病"。病蟹肝脏坏死，螯足抱在口腔前，步足环起，站立不稳，不易翻身，发生阵阵抖动。有的肝脏呈黄色、油状、略带白色，口器中有大量茶褐色液体。有的肝脏呈灰白色、臭蛋黄状，体内有无色液体，有的伴有鳃水肿。而处于蜕壳期的蟹发病时，表现为蜕壳无力而死亡。

【预防方法】①对水体消毒，改善养殖池底质；②选择健康无病毒的蟹苗进行放养；③饲养管理过程中要注意水质及各种理化因子的变化，保持水质的相对稳定；④定期使用二氧化氯片等药物吊袋，或者定期泼洒消毒药物；⑤坚持巡塘，定期检查，正确诊断，积极治疗。

【治疗方法】①外用聚维酮碘溶液，同时内服虾蟹肠鳃康和维生素 C 钠粉的合剂，连用 5～7 天；②外用鑫醛速洁，同时内服克瘟灵Ⅱ和维生素 C 钠粉的合剂，连用 5～7 天。

207 怎样防治河蟹呼肠孤病毒病？

【病原】为河蟹呼肠孤病毒。

【症状】病蟹主要外观症状是甲壳有红色斑点，鳃部呈红棕色，胸足局部或全部麻痹，蜕壳困难，常因不能蜕壳而死亡。

【预防方法】①对水体消毒，改善养殖池底质；②要选择健康无病毒的蟹苗进行放养；③定期使用光合细菌等有益微生物，保持水质的相对稳定；④投喂营养全面的颗粒饲料，并在饲料中添加维生素 C 钠粉、肝胆利康散等以提高机体免疫力。

【治疗方法】①外用聚维酮碘溶液，同时内服虾蟹肠鳃康和维生素 C 钠粉的合剂，连用 5～7 天；②外用鑫醛速洁，同时，内服溃疡停和维生素 C 钠粉的合剂，连用 5～7 天。

208 怎样防治河蟹上岸不下水症？

【病原】为嗜水气单胞菌及拟态弧菌。

【症状】该病主要发生在蟹苗至五期幼蟹阶段，主要症状是变态后的幼蟹不下水，病蟹趴在岸边、水草或树根上，体质虚弱，抗病力降低，极易造成大量死亡。

【预防方法】①对水体消毒，改善养殖池底质；②选择健康无病毒的蟹苗进行放养；③饲养管理过程中要注意水质及各种理化因子的变化，保持水质的相对稳定；④定期使用二氧化氯片等药物吊袋，或者定期泼洒消毒药物。

【治疗方法】①外用聚维酮碘溶液，同时内服虾蟹肠鳃康和维生素 C 钠粉的合剂，连用 5～7 天；②外用鑫醛速洁，同时内服克瘟灵Ⅱ和维生素 C 钠粉的合剂，连用 5～7 天。

209 怎样防治河蟹烂鳃病？

【病原】该病是由于感染弧菌、产气单胞菌及迟钝爱德华菌而引起的。

【症状】病蟹鳃丝变色，有炎症，局部溃烂，有缺痕。

【预防方法】①对水体消毒，改善养殖池底质；②饲养管理过程中要注意水质及各种理化因子的变化，保持水质的相对稳定；③定期使用二氧化氯片等药物吊袋，或者定期泼洒消毒药物。

【治疗方法】①外用聚维酮碘溶液，同时内服虾蟹肠鳃康和维生素 C 钠粉的合剂，连用 5～7 天；②外用鑫醛速洁，同时内服复方磺胺甲噁唑和维生素 C 钠粉的合剂，连用 5～7 天。

210 **怎样防治河蟹黑鳃病？**

【病因】本病多因池塘有机质含量高、有害生物大量繁殖而引起。

【症状】病蟹鳃丝发黑、发暗，鳃丝上长满藻类或原生动物。病蟹爬上岸或爬到水草上，让整个身体暴露在空气中呼吸氧气，时间一长，因体内失水而死亡。

【预防方法】①对水体消毒，改善养殖池底质；②饲养管理过程中要注意水质及各种理化因子的变化，保持水质的相对稳定；③定期使用二氧化氯片等药物吊袋，或者定期泼洒消毒药物。

【治疗方法】①外用聚维酮碘溶液，同时内服虾蟹肠鳃康和维生素 C 钠粉的合剂，连用 5～7 天；②外用鑫醛速洁，同时内服复方磺胺甲噁唑和维生素 C 钠粉的合剂，连用 5～7 天；③外用二氧化氯或大黄精华素全池泼洒。

211 **怎样防治河蟹水肿病？**

【病因】多因用药过量，或在捕捞、运输以及养殖过程中，其腹部受伤感染细菌所致。

【症状】病蟹腹脐及鳃线水肿、透明，有时趴在池边，不摄食也不活动，最后在池边死亡。

【预防方法】①对水体消毒，改善养殖池底质；②定期使用二氧化氯片等药物吊袋，或者定期泼洒消毒药物；③定期使用光合细菌等有益微生物制剂，保持水质的良好和稳定；④高温季节，每 20 天左右定期投喂复方磺胺甲噁唑或虾蟹肠鳃康。

【治疗方法】①换水，换掉原来池中大约 1/3 的水，以彻底改善养殖环境；②外用聚维酮碘溶液，同时内服虾蟹肠鳃康和维生素 C 钠粉的合剂，连用 5～7 天；③外用鑫醛速洁，同时内服复方磺胺甲噁唑和维生素 C 钠粉的合剂，连用 5～7 天；④外用二氧化氯全池泼洒。

212 怎样防治河蟹黑壳病（撑脚病）？

【病因】为营养不良，如缺钙、缺维生素 C。

【症状】病蟹瘦弱，壳呈灰黑色，坚硬钙化，不进食，爬上岸边无水处十足撑地腹部悬空，不吐泡沫，不能蜕壳。患病初期，河蟹爬到岸边离水 10～20 厘米处，一有动静立即逃回水中。病重者离岸较远，行动呆滞，不能回到水中，不久死亡。

【预防方法】①对水体消毒，改善养殖池底质；②定期使用二氧化氯片等药物吊袋，或者定期泼洒消毒药物；③定期使用光合细菌等有益微生物制剂，调节水质。

【治疗方法】在饲料中添加磷酸二氢钙和维生素 C 钠粉，连用 5～7天。

213 怎样防治河蟹甲壳附肢溃疡病？

【病因】该病是由具有分解几丁质能力的弧菌从河蟹伤口侵入所致，或者是由池中某些化学物质如重金属超量所致。

【症状】病蟹步足尖端破损，呈黑色溃疡并腐烂，然后步足各节、背甲及胸板出现白色斑点，并逐渐变成黑色溃疡，严重时中心部溃疡较深，甲壳被侵袭成洞，可见肌肉或皮膜，肛门红肿，行动迟缓，摄食减少甚至拒食，最终死亡。

【预防方法】①对水体消毒，改善养殖池底质；②定期使用二氧化氯片等药物吊袋，或者定期泼洒消毒药物；③定期使用光合细菌等有益微生物制剂，保持水质的良好和稳定；④高温季节要适当加深水位，以保持池底相对较低的水温。

【治疗方法】①外用聚维酮碘溶液，同时内服虾蟹肠鳃康和维生素 C 钠粉的合剂，连用 5～7 天；②外用鑫醛速洁，同时内服复方磺胺甲噁唑和维生素 C 钠粉的合剂，连用 5～7 天；③外用二氧化氯全池泼洒。

214 怎样防治河蟹肝坏死病？

【病原】该病由嗜水气单胞菌、迟钝爱德华菌、产气菌及弧菌侵染所致，常由饵料霉变和池底质污染引起。

【症状】病蟹肝脏有的呈灰白色如臭豆腐样，有的呈黄色如坏鸡蛋黄样，有的呈深黄色，镜检有油滴状物分散。病蟹一般伴有烂鳃病。肝病中期，掀开背壳，肝脏呈黄白色，鳃丝水肿呈灰黑色，且有缺损。肝病后期，肝脏呈乳白色，鳃丝腐烂、缺损。

【预防方法】①对水体消毒，改善养殖池底质；②定期使用光合细菌等有益微生物制剂，保持水质的良好和稳定；③定期在饵料中加入肝胆利康散、肝胆康等保肝类药物。

【治疗方法】①使用光合细菌、增氧底保净及降硝氨等调节水质；②在饵料中添加肝胆利康散、安菌克和维生素 C 钠粉的合剂，连用7～10 天。

215 怎样防治河蟹蜕壳不遂症？

【病因】该病因缺钙、营养不均衡，或者是鳃、肝脏被细菌或病毒侵染所致。

【症状】病蟹不能在正常时间内顺利蜕壳。即使蜕下壳，一般1 天后便死亡。

【预防方法】①定期使用光合细菌等有益微生物制剂，保持水质的良好和稳定；②定期使用聚维酮碘溶液、二氧化氯等全池消毒；③每半个月使用一次生石灰，按每立方米水体 30～40 克全池泼洒；④蟹体正常蜕壳前，于饵料中添加促进蟹壳生长和蜕壳的药物。

【治疗方法】在饵料中添加河蟹复合添加剂和磷酸二氢钙，连续投喂 3～5 天，7～10 天后再用一个疗程。

216 怎样防治河蟹软壳病？

【病因】该病因缺钙和缺维生素 C 所致，或由纤毛虫寄生引起。

【症状】病蟹甲壳变软并带有一层污泥，不易冲洗。患病蟹蜕壳困难，行动迟缓，不吃食，鳃发黄发黑。

【预防方法】①定期使用光合细菌等有益微生物制剂，保持水质的良好和稳定；②改善蟹池底质，适量使用生石灰增加池水含钙量。

【治疗方法】①在饲料中添加河蟹复合添加剂和维生素 C 钠粉，连续投喂 3～5 天，7～10 天后再用一个疗程；②如纤毛虫大量寄生，则全池泼洒纤毛净。

217 怎样防治河蟹肠炎？

【病因】该病一般因水质不好、食场不卫生、饵料变质或吃了难以消化的饲料，引起细菌感染所致。

【症状】病蟹吃食减少或绝食，肠道发炎且无粪便，有时肝、肾、鳃也会发生病变，有时则表现出胃溃疡且口吐黄水。

【预防方法】①对水体消毒，改善养殖池底质；②定期使用二氧化氯片等药物吊袋，或者定期泼洒消毒药物；③养殖过程中定期使用光合细菌等，保持水质的良好和稳定。

【治疗方法】①外用聚维酮碘溶液，同时内服虾蟹肠鳃康和维生素 C 钠粉的合剂，连用 5～7 天；②外用鑫醛速洁，同时内服复方磺胺甲噁唑和维生素 C 钠粉的合剂，连用 5～7 天。

218 怎样防治蟹奴病？

【病因】该病因环境条件恶化，蟹奴大量繁殖所致。

【症状】蟹奴寄生于蟹脐基部，脐略显浮肿，可见乳白色或半透明颗粒状虫体。病蟹蜕壳困难，很难长成商品规格且发育畸形，肉发臭不能食用。

【预防方法】①对水体消毒，彻底清塘，杀灭寄生虫卵；②养殖过程中定期使用光合细菌等，保持水质的良好和稳定。

【治疗方法】全池泼洒鑫洋混杀威，杀灭蟹奴。

219 怎样防治锯缘青蟹白水病？

【病原】该病是由病毒与病菌感染，再经环境因素突变诱发的流行性疾病。

【症状】发病时蟹体消瘦，步足及内脏充满透明或白色液体，肌肉失去弹性，部分出现溃疡。该病在一年四季均会发生，有一定死亡率，对养殖户影响最大的是病蟹离水存活时间较短（3～24 小时），商品率低。

【防治方法】①及时更换新鲜海水；②定期用生石灰 25 克/米^{3}或漂白粉 2 克/米^3 消毒；③发病期，交叉使用聚维酮碘溶液与杀灭海因，消毒水体 3 天；④在饲料中添加氟苯尼考和维生素 C 钠粉。

220 怎样防治锯缘青蟹红芒病？

【病因】该病由内湾海水盐度突然升高，锯缘青蟹的渗透压等生理机能不能适应而引起的。

【症状】病蟹步足基节的肌肉呈红色，步足流出红色黏液。此病多出现在卵巢发育较成熟的雌蟹（花蟹和膏蟹），实际上是卵巢组织腐烂，未死先臭。

【防治方法】控制池水盐度在适宜范围内，并注意盐度的相对稳定以达到预防此病的目的；一旦发现病蟹，应隔离饲养；如能采取加注淡水等办法，及时调节池水的盐度，病情可得到一定程度的缓解。

221 怎样防治锯缘青蟹黄斑病？

【病因】此病可能是由于投喂变质饵料，及池水盐度降至0.5％以下所致。

【症状】病蟹在螯足基部和背甲上出现黄色斑点，或在螯足基部分泌出一种黄色黏液，螯足的活动机能减退，进而失去活动和摄食能力，不久即死亡。剖开甲壳检查，在其鳃部可见像辣椒籽大小的浅褐色异物。发病多在水温偏高和雨水较多的季节。

【防治方法】①预防的措施是投喂饵料要新鲜，多投活体饵料如蓝蛤等，并加强池水盐度、水温的管理；②一旦发现病蟹，应及时捞出隔离饲养。

222 怎样防治锯缘青蟹鳃虫危害？

鳃虫为等足类动物，通常寄生在蟹类的鳃腔内。雌、雄体型差异较大。雌性体大，不对称，常怀有大量的卵，使卵袋膨胀；雄性体细小，对称，常贴附在雌体腹面的卵袋中。鳃虫一旦吸附于宿主体就不甚活动，寄生在蟹的鳃腔者，可使蟹的头胸甲明显膨大隆起，像长了肿瘤一般。其危害主要有：不断消耗寄主的营养，使之生长缓慢、消瘦；压迫和损伤鳃组织，影响呼吸；影响性腺发育，甚至完全萎缩，失去繁殖能力。本病主要发生在蟹种时期，发病率较低。

【防治方法】目前较为有效的防治办法是，在蟹种放养时剔除病蟹，同时全池泼洒鑫洋混杀威、硫酸铜亚铁合剂等外用杀虫剂。

223 为什么锯缘青蟹蜕壳期间会大量死亡？

锯缘青蟹在蜕壳期死亡，表现为蜕壳前会有大量死亡（蜕壳不遂）及蜕完壳以后死亡（蜕壳后体力消耗太大、软壳不硬化等）。

锯缘青蟹蜕壳期死亡的原因有：①水体受到污染，溶解氧较少，影响蜕壳，导致死亡；②营养不均衡（缺微量元素、维生素等，体质弱）；③蜕壳期使用了刺激性药物，会导致部分死亡；④蜕壳期间，水温、水位及盐度等因子变动太大或不在适宜范围内；⑤体内蜕皮激素含量达不到正常蜕壳时的要求；⑥患病时，蜕壳活动会受阻碍，如被纤毛虫寄生时会引起蜕壳不遂。

针对以上原因，可采取不同的处理方法：①泼洒颗粒氧、微生态制剂等，以调节水质；②在饵料中适当添加维生素 C 钠粉、多维、高能离子钙等，均衡其体内的营养，增强抗病能力，同时促进蜕壳；③在蜕壳高峰期间，避免在水中泼洒刺激性药物，如生石灰、三氯类消毒剂、除藻剂、硫酸铜等，同时应减少在池塘中作业的次数，防止锯缘青蟹受到惊吓；④将海水调节到适宜的 pH 范围；⑤如发现纤毛虫，及时用纤虫净等清理纤毛虫。

十、小龙虾病害防治篇

224 *如何防治小龙虾白斑综合征？*

【病原】该病是由白斑综合征病毒感染引起。

【症状】感染个体厌食，行动迟缓或静卧不动，活力下降，应激性下降，多伴有腹部肌肉混浊。发病后期虾体皮下、甲壳及附肢出现白色斑点，甲壳软化，头胸甲易剥，肝胰腺呈棕黄色或白色。病害呈暴发性，死亡率高。

【防治方法】①彻底清淤消毒，严格检测亲虾；②发现病虾及时隔离，并对虾池水体整体消毒；③保持虾池环境稳定，加强巡池观察，不采用大排大灌换水方法；④降低养殖密度；⑤外泼聚维酮碘溶液，每隔 10 天 1 次。

225 *如何防治小龙虾烂壳病？*

【病原】由假单胞菌、气单胞菌、黏细菌、弧菌或黄杆菌感染所致。

【症状】病虾壳上有明显溃烂斑点，斑点呈灰白色。严重溃烂时呈黑色，斑点下陷，出现空洞，最后导致内部感染，甚至死亡。

【防治方法】①运输投苗时操作要细致，伤残不入池，苗种下塘前用 10～20 毫克/升聚维酮碘溶液浸泡 15 分钟；②平时操作小心，尽量不伤苗；③保持池水清洁；④投饵充足；⑤每 15～20 天用底好全池抛撒；⑥外泼聚维酮碘溶液，隔 1 天泼洒 1 次，连续两次消毒，同时内服克瘟灵Ⅲ＋利胆保肝宁＋高效 Vc＋e，连喂 5～7 天。

如何防治小龙虾红鳃病？

【病原】该病是因虾池缺氧以及弧菌感染而引起。

【症状】虾体附肢变红或深红色，身体两侧变成白色，腹部浊白；病虾鳃部由黄色变成粉红色至红色，末期虾体变红，鳃丝增厚加大。

【防治方法】①避免虾体受伤；②定期内服利胆保肝宁＋高效Vc＋e，连喂5～7天；③每15～20天，用底加氧加底居宁来改良底质。

如何防治小龙虾弧菌病？

【病原】由弧菌引起。

【症状】断须、断爪，须、爪末端发黄、发黑，尾扇边沿组织积水，肝脏发白，活动能力低。

【防治方法】①保持水体清新，维持正常水色和透明度；②适当控制放养密度；③第一天外泼聚维酮碘溶液进行消毒，第三天外泼弧菌克星（外泼型）高效Vc＋e，隔日再次泼洒，同时内服弧菌克星（内服型），连喂5～7天。

如何防治小龙虾烂尾病？

【病原】小龙虾受伤、相互残食或被几丁质分解细菌感染。

【症状】感染初期病虾尾部有小疮，边缘溃烂、坏死或残缺不全。随着病情恶化，溃烂由边缘向中间发展。严重感染时，病虾整个尾部溃烂掉落。

【防治方法】①运输和投放虾苗虾种时，不要堆压和损伤虾体；②养殖期间饵料要投足投匀；③外泼聚维酮碘溶液进行消毒，每天1次，连续2天。

如何防治小龙虾出血病？

【病原】由产气单胞菌引起。

【症状】病虾体表布满了大小不一的出血斑点，特别是附肢和腹部较为明显，肛门红肿，不久死亡。

【防治方法】①保持水体清新，维持正常水色和透明度；②冬季清淤；③平时注意消毒；④发现病虾及时隔离，用聚维酮碘溶液进行消毒，连续两天，同时内服克瘟灵Ⅲ＋利胆保肝宁＋高效 Vc＋e，连续 5～7 天。

230 如何防治小龙虾水肿病？

【病原】小龙虾腹部受伤后感染嗜水气单胞菌。

【症状】病虾头胸内水肿，呈透明状。病虾匍匐池边草丛中，不吃不动，最后在池边浅水滩死亡。

【防治方法】①在生产操作中，尽量减少小龙虾受伤；②养殖期间饵料要投足投匀；③外泼聚维酮碘溶液每天 1 次，连续 2 天，同时内服克瘟灵Ⅲ＋利胆保肝宁＋高效 Vc＋e，连续 5～7 天。

231 如何防治小龙虾肠炎病？

【病原】水体有害菌过多，通过伤口、鳃进入内体感染；摄食大量变质食物，在肠道内滋生大量细菌，超出虾的抵抗能力。

【症状】肠道无食，有气泡。

【防治方法】①用底加氧加底居宁改良底部环境，抑制有害菌；②不投变质的食物；③外泼聚维酮碘溶液，每天 1 次，连续 2 天，同时内服虾蟹肠鳃康＋利胆保肝宁＋高效 Vc＋e 各 1 包，连喂 5～7 天。

232 如何防治小龙虾黑鳃病？

【病原】虾鳃受真菌感染所致。

【症状】鳃部由肉色变为褐色或深褐色，直至变黑，鳃组织萎缩坏死。患病的幼虾活动无力，多数在池底缓慢爬行，停食。患病的成虾常浮出水面或依附水草露出水外，不进洞穴，行动缓慢，最后因呼吸困难而死。

【防治方法】①更换池水，及时清除残饵和池内腐败物；②外泼聚维酮碘溶液，定期消毒水体；③经常投喂青绿饲料；④外泼聚维酮碘溶液，连续2次，同时内服虾蟹肠鳃康＋利胆保肝宁＋高效Vc＋e，连喂5～7天。

十一、特种水产病害防治篇

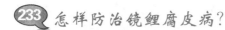 **233** 怎样防治镜鲤腐皮病？

【病原】为嗜水气单胞菌、温和气单胞菌和豚鼠气单胞菌等。

【症状】在夏季高温季节，易发此病。病鱼脑部后缘开始生出白膜，随时间推移，白膜逐渐扩大，露出红色肌肉，逐步深入至骨骼或内脏。病鱼前期不死亡，不影响吃料。苗种至成鱼均能感染，使病鱼形态丑陋。商品鱼失去商品价值。

【预防方法】①在高温季节控制水体透明度，防治水体老化；②定期用聚维酮碘溶液消毒。

【治疗方法】①全池泼洒鑫醛速洁、聚维酮碘溶液，交替使用，每天1次，连用4～6天；②内服氟苯尼考与维生素C钠粉合剂，连喂3～5天。

 **234** 怎样防治黄颡鱼出血性水肿病？

【病原】病原体未最后确定，初步认为是由水质恶化而引起细菌感染所致。

【症状】发病初期，鱼体发黑、消瘦、眼球突出、肿胀，眼眶充血，眼睛单目或双目呈水泡状；游动时腹部朝上并发生阵发性狂游，上蹿下跳，跃出水面，片刻间衰竭无力，漂浮于水面死去。死去的鱼躯体清瘦，尾柄细长，体表布满星条状黏液；胸鳍硬棘僵硬呈"八"字形，背鳍基部及脂鳍均呈现充血、浮肿；鳃盖或脑颅骨充血，口角及颌须充血或个别须脱落；肛门红肿呈脱肛状。解剖检验，腹腔积水，皮下肌肉组织充血、发炎，肝、胆、肾均肿大，肠内无食物或残存少许食物，脾脏呈明显酱紫色，颅腔中有血块淤积，在腹部能看到明显的黑色"胆印"。

该病多在8～9月流行，广东省11月也出现，对鱼种和成鱼都有危害，尤以规格4～6厘米的鱼种为甚，感染极快，死亡率高。一般发病率在50%左右，高的可达70%，死亡率为30%～60%。

【预防方法】①定期对鱼池进行冲水，保持正常水位，防止水质老化及水温突变；②使用的渔具要及时消毒，以防交叉感染；③经常对水体消毒，预防病原体蔓延；④死鱼要及时处理，不可随意丢放；⑤避免饲料投喂过多，投喂饲料要多样化，保证营养成分全面，以增强体质，提高抵抗力；⑥在投喂鱼肉浆时应加1%的食盐和维生素C等。

【治疗方法】①利用网箱集中高浓度浸泡。选择药物为80%的氟苯尼考加维生素C钠粉，需用桶充分溶解，浸泡时间在30分钟左右，浓度要根据具体池塘具体分析。②集中高浓度泼洒。选择药物为80%的氟苯尼考加维生素C钠粉，需用桶充分溶解，在吃料鱼群泼洒，泼洒量以鱼群散去为准。③用克瘟灵Ⅱ＋败血宁＋维生素C钠粉，拌料投喂，或用氟苯尼考＋维生素C钠粉＋三金出血治，拌料投喂，投喂5～7天为一个疗程。配合外用药物，第一天选择草鱼五病净或聚维酮碘溶液，对食料鱼群均匀泼洒，第二天选择鑫醛速洁或鑫洋血尔，全塘均匀泼洒。④选用聚维酮碘溶液配合苦参、大黄等中药提取物，混合均匀，全池或对食料鱼群均匀泼洒。配合内服。

235 怎样防治鳊暴发性出血病？

【病原】暴发性出血病又称"细菌性败血症"，主要由嗜水气单胞菌感染引发。

【症状】主要表现为鱼体各器官组织不同程度地出血或充血。发病时口腔、头部、眼眶、鳃盖、鳍条及鱼体充血，肛门红肿。解剖发现，肠道无食、充血、发红，腹腔内有的有积水，胰脏呈紫黑色，胆囊肿大。该病死亡率高达50%～80%，有的甚至100%。本病发病快、来势凶，病鱼在发病1～2天后大批量死亡，危害极其严重。

【预防方法】①清塘消毒：发生该病的鱼塘大多淤泥较厚，容易孳生病原，所以做好清塘消毒工作很重要，一般在干塘曝晒后再用生石灰进行消毒；②合理放养：首先选择健康鱼种，其次进行消毒；③科学投喂：按"四定"原则投喂饲料；④做好水质管理：暴发该病的池塘水质较差，改水先改底，可用增氧底保净加颗粒氧对水质进行改良；⑤做好防虫工作。

治疗时应采用先杀虫、后消毒，同时内服药饵的综合治疗措施：第一天，将鑫洋暴血平［按25毫升/（亩·米）］配合鑫铜［按30毫升/（亩·米）］，先后使用，全池泼洒；第二天，使用聚维酮碘溶液［按250毫升/（亩·米）］全池泼洒，配合内服败血宁（按饲料量的2%添加）加三金出血治（按饲料量的0.4%添加）；第三天，视发病情况，全池泼洒二氧化氯［按100～150克/（亩·米）］，以巩固疗效。

236 怎样防治鲇败血症？

【病原】为嗜水气单胞菌、温和气单胞菌及鲁克氏耶尔森菌等多种病原菌。细菌适温范围为4～40℃，最适温度为25～37℃，最适pH为5.5～9.0。

【症状】病鱼在池面打转、狂游直至死亡。鳃发白，无寄生虫或少量车轮虫寄生，鳃丝上有不规则的圆圈。解剖可见肝脏、肾脏有白色病灶，胃内有黄色或血红色液体，肠道内无食物。

【预防方法】①定期调节水质，控制池水透明度在25～30厘米；②定期泼洒刺激性较小的消毒药物，如鑫醛速洁、聚维酮碘溶液等。

【治疗方法】内服克瘟灵Ⅱ、败血宁、维生素C钠粉及三金出血治，合用5～7天有明显效果。

237 怎样防治鲇传染性肠套叠？

【病原】为斑点叉尾鮰的嗜麦芽寡养单胞菌。

【症状】病鱼食欲减退或丧失，腹部膨大，肛门红肿、外突或脱肛。解剖可见前肠回缩进入胃内，胆汁充盈，腹腔内有黄色或血红色的积水。

【防治方法】①定期调节水质，保持水体"肥""活""嫩""爽"；②内服克瘟灵Ⅱ或氟苯尼考，连用3～5天，用时外用泼洒二氧化氯速溶片2次，中间隔一天。

该病很难治疗，以预防为主，防止其他健康鱼被传染。

238 怎样防治鲇多种维生素缺乏症？

【病因】该病由长期维生素不平衡引起。

【症状】病鱼在吃料时突然抽搐，过一会能转好，无明显症状，多发生在鱼体长3～15厘米的阶段。

【防治方法】在屠宰场下脚料（如鸡肠子）、海杂鱼等鲇饲料中定期添加多种维生素（胆碱、叶酸、维生素A及维生素C等）。

239 鲇被电击与气泡病的症状有何异同？

（1）相同点　在显微镜下检查，在鱼鳃丝的动脉血管中都能看到气泡。

（2）不同点　被电击的鲇鳃丝中有气泡，患气泡病的鲇鳃丝中没有气泡；被电击的鲇背鳍后或其他地方能看到电击痕迹，而得气泡病的鲇没有；被电击的鲇背鳍以后失去运动能力，患气泡病的鲇在水面上漂游无法潜入水底或潜入一会再漂浮上来。

240 鲇身上有红点怎么办？

【症状】病鱼周身都有红点，尤以背鳍和头部为重，红点有米粒大小，挤压病灶有红色液体或白色液体流出，易造成大面积死鱼。

【预防方法】①定期调节水质，控制池水透明度在15～20厘米；②定期泼洒消毒药物，如杀灭海因Ⅱ、聚维酮碘溶液等；③定期内服虾速康，每月2次。

【治疗方法】内服虾速康与维生素C钠粉合剂，连用5～7天，同时外用泼洒聚维酮碘溶液，每天1次，连续3天。

241 怎样防治黄鳝细菌性肠炎？

【病原】此病为黄鳝感染肠型点状产气单胞菌引起的疾病。鳝体健康水平下降、抵抗力低下时，该菌在肠内大量繁殖，导致疾病暴发。环境条件恶化如水质恶化、溶氧量低、饲料变质、摄食不均等，都可引起此病发生。

【症状】病鳝离群独游，游动缓漫，鳝体发黑，头部尤甚，故又称乌头瘟。腹部出现红斑，食欲减退，以致完全不吃食。

发病早期，剖开肠管可见肠管局部充血、发炎，肠内没有食物，或者只在后段有食物，肠内黏液较多。发病后期可见全部肠道呈红色，肠壁的弹性差，肠内没有食物，只有淡黄色黏液，肛门红肿。患病严重时腹部膨大，如将病鳝的头提起，即有黄色黏液从肛门流出，病鳝很快就会死亡，死亡率甚高。

【预防方法】①加强饲养管理，不投喂腐败变质的饵料，经常将残渣捞出，保持水质清新；②鳝病流行季节，每半个月用聚维酮碘溶液或二氧化氯全池泼洒消毒；③高温季节定期泼洒光合细菌调节水质。

【治疗方法】①使用二氧化氯全池泼洒，结合内服复方磺胺甲噁唑和维生素 C 钠粉的合剂，连用 5～7 天；②使用聚维酮碘溶液全池泼洒，内服克瘟灵 Ⅱ、维生素 C 钠粉和安菌克的合剂，连用 5天；③对黄鳝按每千克体重用大蒜 5～10 克，将其捣碎拌入饲料中，同时用 5 克盐溶水一起搅匀。

242 怎样防治黄鳝赤皮病？

【病原】赤皮病又称红斑病、梅花斑病，是由假单胞菌感染而引起的疾病。当黄鳝体表受机械损伤、冻伤或被寄生虫损伤后，病菌入侵，引起发病。

【症状】病鳝体表发炎、充血，尤其是鳝体两侧和腹部极为明显，呈块状，有时黄鳝上下颌及鳃盖也充血、发炎。在病灶处常继发水霉菌感染。本病一年四季都有发生，春末和夏初较常见。鳝体感染较快，初期表皮局部黏液脱落，出现不明显小红疹斑，随即发炎、出血，严重时口腔出血，尾部溃烂腐掉，泄殖孔有脓血状黏液溢出，发病后 7～10 天可发生死亡。此病与打印病的明显区别是发炎、充血面积大，病灶处无凹陷现象，且大部分为头、尾有病灶现象；发病中期便离穴不返，直至死亡。

【预防方法】①于泥埂上栽种辣蓼和菖蒲，可长期预防，效果极好；②鳝病流行季节，每半个月用聚维酮碘溶液或二氧化氯全池泼洒消毒；③高温季节定期泼洒光合细菌调节水质。

【治疗方法】①使用二氧化氯全池泼洒，结合内服复方磺胺甲噁唑和维生素 C 钠粉的合剂，连用 5～7 天；②使用鑫醛速洁全池泼洒；③用0.05 克/米^3 明矾兑水泼洒，两天后用 25 克/米^3 生石灰兑水泼洒；④用 2～4 毫克/升五倍子全池遍洒。

243 怎样防治黄鳝疖疮病？

【病原】疖疮病也称瘤痢病，是养殖的鲤科鱼类（如青鱼、草鱼等）的常见疾病之一，在养殖黄鳝中也有发生。病原为疖疮型点状产气单胞菌。该菌短杆状，两端圆形，单个或两个相连存在，有运动力，极端单鞭毛，革兰氏染色阴性。

【症状】患病初期，鳝体背部两侧皮肤及肌肉发炎，随着病情的发展，这些病灶部位出现脓肿，该脓肿一般不开裂，病鳝常伴有头尾渗血。病鳝表现为体弱无力，少摄食或不摄食，行动迟缓或停止运动，常找水上支撑物（如水草）躺卧，呈瘫痪症状。此后一周内死亡，死后病灶处开裂。

在养殖黄鳝的地区均可发生此病。该病无明显的季节性，一年四季均可发生，但低温季节发病率低得多。

【预防方法】①鳝病流行季节，每半个月用聚维酮碘溶液或二氧化氯全池泼洒消毒；②高温季节定期泼洒光合细菌调节水质。

【治疗方法】①用鑫醛速洁全池泼洒，2 天为一个疗程，连续 3 个疗程，同时内服克瘟灵Ⅱ和维生素 C 钠粉的合剂，连续投喂 7 天；②如病情特别严重，可按疗程交替施药，即第二疗程改用克瘟灵Ⅱ；③以 0.3 克/米³ 的聚维酮碘溶液全池泼洒，3 天使用 1 次，连续使用 3 次。

244 怎样防治黄鳝白皮病？

【病原】该病是由白皮极毛杆菌感染所致。此病常发生于幼鳝，但投喂营养价值较全且充足的饵料时，黄鳝不易感染此病。有萎缩趋势的黄鳝的发病率为正常增重鳝的发病率的 6.8 倍，这足以说明机体生理、生化平衡的重要性。

【症状】此病多发生于 5～8 月，死亡率可达 60％以上，一般一周左右发生死亡。病鳝尾部发白，病灶处无黏液，一抓即着，但其他表现正常。

【预防方法】①鳝病流行季节，每半个月用聚维酮碘溶液或二氧化氯全池泼洒消毒；②高温季节定期泼洒光合细菌调节水质；③保证饲料的质和量，并科学投喂；④在捕捞、运输过程中避免黄鳝受伤；⑤定期对池塘消毒和杀虫。

【治疗方法】①用鑫醛速洁全池泼洒，2 天为一个疗程，连续 3 个疗程，同时内服克瘟灵Ⅱ和维生素 C 钠粉的合剂，连续投喂 7 天；②取 1 千克艾叶、100 克地榆、100 克苍术、250 克半枝莲、50 克百部、30 克大黄，混合捣碎，加入 20 克苯甲酸混匀后，加入 3 千克 70℃左右的清水，泡 2 天后取出液汁可泼洒 30 米² 的鳝池，严重者 2 天后再用 1 次。

245 怎样防治黄鳝腐皮病（打印病）？

【病原】此病是由点状产气单胞菌感染而引起的细菌性皮肤疾病。病原菌为 G⁻ 短杆菌，为条件致病菌，当鳝体受伤后，病菌通过接触感染而致病。发病严重的鳝池，发病率可达 80％以上。黄鳝发病后自身传染性大，自愈率极低，最后衰竭而死。其交叉感染也较严重，但最严重的是潜伏期危险较大。往往在鳝体健壮时，发病率低；一旦伤、残、衰弱或患其他疾病时，则很快被感染。

【症状】打印病主要发生在鳝体后部，腹部两侧更为严重，少数发生在体前部，这与躯体后部容易受伤有关。初期于伤口处或体弱鳝的肛门附近、侧线孔等处出现小红斑，继而扩大成豆粒大小的圆形、椭圆形、漏斗形的溃疡状深凹，边缘充血、发红、坏死和糜烂，露出白色真皮，皮肤充血、发炎的红斑形成明显的轮廓，好似在鳝体体表加盖了红色印章似的，故称打印病。病初，病鳝体力旺盛，与健康鳝无异，随着病情的发展，病灶的直径逐渐扩大，糜烂加深，严重时甚至露出骨骼或内脏，病鳝游动缓慢，头常伸出水面，久不进入洞穴，最后瘦弱而死亡。这是目前成鳝养殖业中危害较为严重的疾病。

【预防方法】①彻底清塘；②定期池水消毒，定期投喂抗菌类药物；③泼洒光合细菌等微生物制剂，稳定水质；④按每 10 米^{2}鳝池长年放养 2 只蟾蜍，可大幅度降低发病率；⑤及时注入新水，保持水质清新。

【治疗方法】①用鑫醛速洁全池泼洒，2 天为一个疗程，连续 3 个疗程，同时内服克瘟灵 II 和维生素 C 钠粉的合剂，连续投喂 7 天；②用二氧化氯全池泼洒，同时内服克瘟灵 II 和维生素 C 钠粉的合剂，连用 5～7 天；③按照每千克体重 20 毫克的剂量，采用肌内注射的方式给病鳝注射硫酸链霉素。

246 怎样防治黄鳝出血病？

【病原】该病是由产气单胞菌引起的败血病。剖检可见病鳝皮肤及内部各器官出血，肝的损坏尤为严重，血管壁变薄甚至破裂。从病理学分析看，这是由产气单胞菌产生的毒素引起的。

本病是指在鳝种下箱后，由于连续低温、降雨等恶劣气候条件，或由于鳝种质量差、抵抗力弱而引起的细菌、病毒交叉感染的综合征，此病易和烂尾病并发。

【症状】鳝口腔内有血样液体，倒置可流出来。体表布满大小不一的出血斑点，从绿豆大小至蚕豆大小，有时呈弥漫性出血，以腹部尤为明显，并呈长条状出血斑，逐步发展到背面或体的两侧。肛门红肿、外翻、出血，似火山口状。病鳝有时浮出水面深呼吸，呼吸频率加快，不停地按顺时针方向打圈翻动，最后死亡。

出血病分三种类型：①慢性型：腹腔内充满紫黑色的血液和黏液混合物；肝肿大、质脆，有绿豆大小的出血斑，个别部位有绿豆大小的坏死点；小肠、直肠黏膜有弥漫性出血；整个肾脏肿胀、质脆、出血，颜色呈煤焦油状。②亚急性型：胸腹腔内充满紫红色血液和黏液混合物；肝有绿豆大小的出血斑，肝体肿胀、颜色变深、质脆；直肠黏膜有点状出血；肾脏肿胀、质脆、出血。③急性型：打开胸腹腔，有较多的血液与黏液混合物；心脏充血，心内膜有极少量的芝麻大小的出血点；直肠轻度出血；其他内脏器官没有发现异常病变。白天可见病鳝头部伸出水面（俗称"打桩"），晚上身体有部分露出水面（俗称"上草"）。体表布满形状、大小不一的血斑，有时全身会出现弥漫性出血，腹部尤为明显，肛门红肿，口腔、鳃部有血样黏液。与烂尾病并发时，尾部充血明显、溃烂，露出肌肉，可感染至肛门，再从肛门传染到体内。解剖体内可见凝血块。

【预防方法】①改善养殖条件，控制合理的放养密度；②选择科学的饲料配方，监控水质；③采用野生鳝苗进行养殖；④严格检疫，病鳝及时深埋；⑤发病季节，定期用聚维酮碘溶液全池泼洒。

【治疗方法】①采用5～20毫克/升聚维酮碘溶液液浸洗鳝种5～10分钟；②每隔半月用光合细菌500毫升/亩全池泼洒；③用鑫洋血尔全池泼洒，同时内服出血停、三金出血治和维生素C钠粉的合剂，连用5～7天；④全池泼洒二氧化氯，同时内服克瘟灵Ⅱ、败血宁、三金出血治和维生素C钠粉的合剂，连用5～7天。

247 怎样防治黄鳝细菌性烂尾病？

【病原】该病是由产气单胞菌感染所引起。产气单胞菌为G⁻短杆菌，极端单鞭毛，为条件致病菌。

【症状】鳝尾受伤后病菌经皮肤接触而感染，感染后黄鳝尾柄充血、发炎、糜烂，严重时尾部烂掉，肌肉出血、溃烂，骨骼外露。病鳝反应迟钝，头常伸出水面，最后丧失活动能力而死亡。

【预防方法】①彻底清塘，定期池水消毒，定期投喂抗菌类药物；②泼洒光合细菌等微生物制剂，稳定水质；③按每 10 米² 鳝池长年放养 2 只蟾蜍，可大幅度降低发病率；④及时注入新水，保持水质清新。

【治疗方法】①用鑫醛速洁全池泼洒，2 天为一个疗程，连续 3 个疗程，同时内服克瘟灵Ⅱ和维生素 C 钠粉的合剂，连续投喂 7 天；②用二氧化氯全池泼洒，同时内服克瘟灵Ⅱ和维生素 C 钠粉的合剂，连用 5～7 天；③按照每千克体重 20 毫克的剂量，采用肌内注射的方式给病鳝注射硫酸新霉素。

 248 怎样防治黄鳝水霉病？

【病原】该病为真菌引起的疾病。真菌是具有细胞壁和真核的单细胞或多细胞体。水霉属于真菌类藻菌纲的种类。在我国淡水水产动物的体表和卵粒上已发现的水霉有 10 多种。最常见的水霉，适宜其繁殖生长的温度为 13～18℃，为条件性致病菌，凡受伤的鳝均能感染，未受伤者此菌不能侵入。

【症状】此菌在鳝鱼尸体上繁殖特别快，是腐生性的，对鳝体是继发性感染。菌体呈丝状，一端像根一样附着在鳝体的受伤处，分支多而纤细，可深入至损伤、坏死的皮肤和肌肉下面，称为内菌丝，具有吸收营养的功能；伸出体外的部分称外菌丝，较粗，分支较少，长可达 3 厘米，形成肉眼能看得到的灰白色棉絮状物。病鳝多因机械受伤，伤口被水霉感染而致。初期病灶并不明显，数天后病灶部位长出棉絮状菌丝，在体表或受精卵的表面迅速繁殖扩散，形成肉眼可见的白毛。患处肌肉腐烂，此时病鳝常离穴独自缓慢游动，并逐渐消瘦、死亡。如果正在孵化中的受精卵受到严重感染，则胚胎发育会终止，使孵化也停止。春、秋季水温在 13～18℃时此病流行，不分地区均感染，危害极大。

【预防方法】①彻底清塘，清除池底淤泥；②在饲料中加入维生素 C 钠粉等，以提高机体体质和免疫力；③谨慎操作，避免鱼体受伤；④黄鳝下池前用 3％的食盐水浸洗 3～10 分钟。

【治疗方法】①全池泼洒二氧化氯，内服五倍子末；②全池泼洒 0.1～0.2 克/米³ 亚甲基蓝；③用 5％碘酒涂抹患处；④用 0.05％食盐溶液和 0.04％小苏打溶液混合剂全池泼洒。

249 怎样防治黄鳝嗜子宫线虫病？

【病原】为嗜子宫线虫的雌虫。本虫呈细长圆筒状，两端稍细，体长 10～13.5 厘米，血红色，俗称"红线虫"。

此虫多寄生于鳝体内外，目前人工密养的黄鳝体中也有发现。有人曾从 1 尾 32 克的幼鳝肠道和腹腔中解剖出 8 条虫体。与同龄健康鳝对比，该鳝不但一年之内没有增重，反而比同龄鳝减轻 60 多克。

【预防方法】①彻底清塘，清除池底淤泥；②黄鳝下池前用 3％的食盐水浸洗 3～10 分钟。

【治疗方法】①按饲料量的 0.2％拌料投喂内服虫清，每天投喂 1 次，连喂 4 天；②用 2％～2.5％的食盐水浸泡患病黄鳝。

250 怎样防治黄鳝毛细线虫病？

【病原】为毛细线虫。该虫体细如线，其表皮薄而透明，头部尖细，尾端呈钝圆形。

此病主要是由于换水不及时、不彻底或未清塘，没有杀死病鳝、毛细线虫及其虫卵，毛细线虫寄生在黄鳝肠道内引起的。毛细线虫寄生在肠壁上，以头部钻入寄主肠壁黏膜层，破坏肠壁黏膜内组织，致使其他病菌侵入黏膜引起发炎。若寄生量过大，则黄鳝逐渐消瘦，严重的可造成死亡。

【预防方法】①彻底清塘，清除池底淤泥；②定期检查，及时发现，及时治疗。

【治疗方法】①拌料投喂内服虫清，每天投喂 1 次，连喂 4 天，同时全池泼洒鑫洋灭虫精；②按每千克体重 0.1～0.15 克拌饲投喂 90％晶体敌百虫。

251 怎样防治黄鳝棘头虫病？

【病原】该病是由于棘头虫寄生在黄鳝前段肠内而致病。棘头虫属蠕虫类，虫体呈圆筒形或纺锤形，前部膨大，吻小，体有皱褶，呈白色，雌雄异体。

棘头虫的生活史，要通过中间寄主，中间寄主通常是软体动物、甲壳类和昆虫。成熟的虫卵随终末寄主粪便排出，被中间寄主吞食后，卵中的胚胎幼虫出壳穿过肠壁到体腔内继续发育；感染了幼虫的中间寄主被终末寄主吞食后，幼虫在其发育成成虫。黄鳝等鱼类则为棘头虫的终末寄主。

【症状】虫体寄生于鳝体肠道之中，消耗大量营养，可造成肠壁组织坏死、脱落。约有30%以上的病鳝出现肠梗阻和10%左右的出现肠穿孔。主要危害表现为食欲不振，严重消瘦。

病鳝表面症状不明显，一般病情严重时，才表现出拒食、不入穴、消瘦和体表变暗，到这种时候治疗也就晚了。此病一年四季均可感染。每单尾成鳝体内一般可发现20～80个虫体。

【预防方法】①彻底清塘，清除池底淤泥；②使用指环虫杀星杀灭中间寄主，如螺类等软体动物。

【治疗方法】①内服内服虫清，同时全池泼洒鑫洋灭虫精；②按每千克体重0.1～0.15克拌饲投喂90%晶体敌百虫。

252 怎样防治黄鳝六鞭毛虫病？

【病因】该病因六鞭毛虫感染所致。该虫体呈狭长状、椭圆形等不同的形态，大小也不一致，体前端有4对鞭毛，其中3对向前，为等长前鞭毛；另1对沿身体中轴向后伸出，为2根等长的后鞭毛。常寄生于成鳝内脏器官和血液之中。

【症状】该虫主要能引起成鳝内脏炎症和充血，严重时病鳝口鼻出血而亡，死亡率几乎为100%。鳝体发育不良，表皮灰暗，游动无力，严重时口鼻出血，所处泥面有明显血迹。

【预防方法】①彻底清塘，清除池底淤泥；②杀灭中间寄主；③定期检查，及时发现，及时治疗。

【治疗方法】①全池泼洒鑫洋灭虫精，注意不能超量；②全池泼洒聚维酮碘溶液，连续3天，隔天再使用1次；③全池泼洒硫酸铜亚铁合剂；④用4％的食盐水浸泡鳝体3～5分钟。

 怎样防治黄鳝锥体虫病？

【病因】该病为锥体虫寄生在黄鳝血液中而引起的疾病。锥体虫属锥体虫科，虫体一般呈狭长形，两端尖细，后部基粒中长出1根鞭毛，沿着身体组成波动膜，至前端游离为鞭毛。虫体不做大的移位动作，只是很活泼地颤动，常与隐鞭虫寄生于同一黄鳝的血液中。

锥体虫的寄生一般与水域中存在蛭类（如水蛭）有关，水蛭是锥体虫的中间寄主。水蛭吸食黄鳝血时，锥体虫随鳝血到达水蛭的消化道，并大量繁殖，逐渐向前移至吻端，当水蛭再吸食黄鳝血时，锥体虫又被传到黄鳝体内，进入其血液之中。

【症状】黄鳝感染锥体虫后，大多数发生贫血，鳝体消瘦，生长不良。本病流行期为6～8月。

【预防方法】①由于水蛭是锥体虫的中间寄主，在放鳝种时，要用生石灰彻底清池，杀死水蛭；②以3％的食盐水浸鳝体3～5分钟。

【治疗方法】①全池泼洒硫酸铜亚铁合剂；②用4％的食盐水浸泡鳝体3～5分钟。

 怎样防治黄鳝复口吸虫病？

【病原】为复口吸虫的尾蚴和囊蚴。复口吸虫虫体分体部和尾部两部分。体部表面密披小刺，前端有头器，头器前部围成口吸盘。腹吸盘上具两圈小刺，位于体部中央或略后。尾部明显地分成尾干和尾叉。尾干能弯曲，两侧各有8根毛。

【症状】该虫囊蚴可寄生于成鳝体内，可导致白内障和瞎眼病；同时可使成鳝头部充血和心脏充血而造成大量死亡。病鳝眼睛混浊、眼瞎、眼眶渗血；体表灰暗，现黑斑；不入穴，游态常为挣扎状，4天左右死亡。

【预防方法】①彻底清塘，清除池底淤泥；②彻底消灭其中间宿主——椎实螺，可用0.7克/米^{3}的二氯化铜全池泼洒，也可用同浓度的硫酸铜亚铁合剂全池泼洒。

【治疗方法】①内服内服虫清；②用2％～2.5％的盐水浸泡。

 255 怎样防治黄鳝水蛭病？

【病原】为水蛭。俗称蚂蟥，学名中华颈蛭。

【症状】水蛭牢固地吸附于鳝体上，吸收黄鳝的血液作为营养，而且破坏寄生处的表皮组织，引起细菌感染。患病黄鳝活动迟钝，食欲减退，影响生长。在发生水蛭病的养殖池中，常发现黄鳝死亡。此外，水蛭还是黄鳝锥体虫的中间宿主。

水蛭可吸附于幼鳝和成鳝体表的任何部位，主要吸附于鳃孔处和体侧吸取寄主血液，其致死率约为10％。

【防治方法】①全池泼洒鑫洋灭虫精，翌日更换部分新水，再按原药遍洒1次，第三天彻底更换新水，效果较好。②利用水蛭喜好动物血腥味的特性，可用干枯的丝瓜浸湿猪鲜血后，放入有水蛭的鳝池中，诱水蛭聚集，待1～2小时后取出丝瓜，将水蛭捕灭，或在养鳝池中插上一个内装有畜禽血的细小竹筒，待水蛭钻到筒内吸血后再捕捉。③用0.2％～0.3％的食盐水浸洗病鳝5～10分钟，使水蛭脱落致死，也可用5毫克/升亚甲蓝溶液药浴30分钟。

256 怎样防治黄鳝发狂病？

此病又名跑边病、跑马病、抽筋病、感冒、发烧病。一般在初夏和晚春、气温较低或天气突变、剧烈降温，苗种刚下箱1天左右时，易暴发此病。另外，在9月投苗时也可见此病。

【病因】此病是鳝苗刚下箱后，由于天气、环境等因素的突变引起的强烈的应激反应，导致黄鳝体质减弱，正常的生理代谢发生紊乱，黏液分泌无规律，使得体表皮肤抗病力下降，病毒侵袭感染而引起。

【症状】病鳝一般不吃料，时常会有病鳝苗在网箱内呈箭状快速游动，或缠绕在水草上，口张开，全身肌肉抽动发抖，呈S或O状旋转挣扎。将病鳝握在手中可以明显感到身体僵硬，检查体表无黏液，无明显外伤或溃烂。发病初期敲打网箱或水草病鳝惊蹿。此病发病率和死亡率极高，是目前养殖过程中危害较大的疾病之一。

【预防方法】①苗种下箱要尽量避开降温天气；②下箱时调整好水温（温差不得大于 2℃）；③苗种运输时不要使用冰水、深井水或与池塘水温相差较大的水源；④下箱时用聚维酮碘溶液进行消毒。

【治疗方法】①全池泼洒聚维酮碘溶液；②内服氟苯尼考和维生素 C 钠粉的合剂，连用 3～5 天。

 怎样防治黄鳝发烧？

【病因】高密度养殖情况下，黄鳝分泌黏液的速度较快，废黏液得不到快速的排除，当换水不及时或换水有死角时，就可能因废黏液发酵而释放高热，导致水温骤然升高，引起黄鳝体温增高，抑制和破坏了黄鳝的正常代谢，造成鳝池严重缺氧和水体的恶化。

【症状】病鳝离穴，神经质窜游，相互缠绕翻滚，体表黏液脱落，头部肿胀，极度不安。底层黄鳝缠绕成团，造成大批死亡，死亡率有时可达 90%。

【预防方法】①在夏季注意遮阴，换水，适当加深水位；②搭配养殖少量泥鳅，不仅能消除部分残饵，而且还可防止黄鳝缠绕成团，还可以通过泥鳅的活动增加溶解氧；③投放一些漂浮植物，既可遮阴又可改善水质。

【治疗方法】①降低养殖密度，更换池水，并用杀灭海因等消毒剂对池水进行消毒；②泼洒增氧剂，如富氧、颗粒氧等。

 怎样防治黄鳝萎缩症？

【病因】高密度饲喂时，常有大个体黄鳝抢食多，而小个体黄鳝往往处于饥饿状态，长此下去，小个体黄鳝便因长期饥饿而萎缩；另外，长期投饵不足时，使黄鳝基础代谢定量值得不到满足，迫使其消耗已贮存的原有基础量来维持生命，故而产生肌体萎缩。

【症状】病鳝头大、颈细、身细，严重时，成鳝可在一年之内萎缩至 30 克，体长可短至 20 厘米以下。

【防治方法】①解决池中的饵料不足问题；②适当控制鳝种的放养密度和规格；③加强饲养管理，做到定时、定质、定位投饵，保证鳝种有足够的饵料；④越冬前要保证黄鳝吃饱吃好，发育正常；⑤严格进行分级饲养。

 怎样防治黄鳝感冒？

【病因】由于天气变化或灌注新水而引起水温突变，使得黄鳝正常的生理因素跟不上体外温度的变化，引起鳝体表层渗透压改变、体液代谢受抑制及体温调节通路闭塞，黄鳝一时不能适应而刺激神经末梢，引起黄鳝生理机能紊乱、器官机能失调，致使黄鳝行动失常，严重的大批死亡。

【症状】患病鳝鱼皮肤失去原有光泽，并有大量黏液分泌。

【防治方法】①每次换新水不超过全池老水的 1/3；②长途运输中换水，温差不得超过 3℃；③在灌注新水时，特别是灌注井水或泉水时，应将水先注入蓄水池中曝晒，待温度升高或通过较长的地面渠道后，再灌入池中；④秋末、冬初，水温下降至 15℃左右时，黄鳝开始入穴越冬，这时，要排出池水，保持池土湿度，并在池土上面覆盖一层稻草或麦秸，以免池水冰冻，而使黄鳝受冻发生感冒；⑤对已发病的黄鳝，应立即设法调节水温，或转移到适当水温的水体中。

泥鳅的主要病害有哪些？怎样防治？

泥鳅养殖过程中，常见的病害有烂鳍病、赤鳍病、水霉病、气泡病、车轮虫病、舌杯虫病及农药中毒等。

（1）烂鳍病　患病泥鳅的鳍、腹部皮肤及肛门周围充血、溃烂，尾鳍、胸鳍发白并溃烂，鱼体两侧自头部至尾部浮肿，并有红斑。防治方法：用聚维酮碘溶液全池泼洒，连用 2 天即可。

（2）赤鳍病　患病泥鳅的鳍或体表部分表皮剥落，呈灰白色，肌肉开始腐烂，肛门部位发红，继而在这些部位出现血斑，并逐渐变为深红色。严重时出现鳍条脱落，不摄食，直至死亡。本病主要流行于夏季。防治方法是避免鱼体受伤，并苗种放养前应用 4％的食盐水浸浴消毒。

（3）水霉病　每立方米水体中放食盐 400 克加小苏打 400 克充分溶解后，用此浓度的溶液洗浴泥鳅卵 1 小时；在捕捉、运输泥鳅时，尽量避免机械损伤；用 4％的食盐水浸洗患病泥鳅 5～10分钟。

（4）车轮虫病　病原为车轮虫。寄生于泥鳅鳃部和体表。泥鳅患病后摄食量减少，离群独游，严重时虫体密布。如不及时治疗，会引起死亡。流行于 5～8 月。预防措施是用生石灰清塘。治疗方法为全池泼洒特轮灭。

（5）舌杯虫病　病原为舌杯体。寄生于泥鳅的皮肤或鳃上，平时摄取周围水中的食物作为营养，对泥鳅没有多大影响。但若大量寄生在鳅苗上，会造成鳅苗呼吸困难，严重时导致其死亡。本病一年四季均可发生，以 5～8 月较为普遍。预防主要是应在鳅种放养前用 8 克/米^3 硫酸铜溶液浸洗 15～20 分钟，发病后治疗则用 0.7克/米^3 硫酸铜和硫酸亚铁（5∶2）合剂全池泼洒。

（6）气泡病　本病多由于水中氧气或其他气体含量过多而引起，主要危害鳅苗。患病鳅苗浮于水面。防治办法：每亩用食盐4～6 千克全池泼洒；立即冲入清水或黄泥浆水；及时清除池中腐败物，不施用未发酵的肥料；掌握好投饵量和施肥量，防止水质恶化。

261 鳖鳃腺炎和白底板病的症状有何异同？

（1）相似处　病鳖贫血，底板发白，肠道充血，严重时会有凝固的血块，发病率高，传染速度快。

（2）不同处　患有腮腺炎的病鳖鳃腺糜烂或充血，颈肿大，甚至不能伸缩壳内，因而又被称为肿颈病，此外，患病的鳖还伴有腹甲出血点，口鼻流血，全身浮肿，眼睛浑浊发白，严重者失明等症状；而患白底板的病鳖，症状为内脏器官充血，即胃、肠、脾、肝和生殖器官等都充血，颜色加深或具暗红色出血点，肠糜烂，里面充满血液或血凝块而没有食物。

262 鳖白点病、白斑病、水霉病有何区别？

（1）病原不同　白点病病原是嗜水气单胞菌和温和气单胞菌等；白斑病病原是毛霉菌，属真菌类毛霉菌科，故又称毛霉病；水霉病病原是水霉菌、绵霉菌和丝囊菌等水生真菌。

（2）疾病流行水温不同　白点病是高温时出现的鳖病，在水温25～30℃时易流行；而白斑病与水霉病是低温时出现的鳖病，水温10～20℃时流行。

（3）危害鳖的规格不同　白点病主要危害稚鳖和幼鳖，特别是对孵化1个月内的稚鳖及进温室1个月内的稚鳖危害最大；白斑病主要危害幼鳖；水霉病可危害稚鳖、幼鳖、成鳖、亲鳖。

（4）病灶症状不同　①白点病的病灶通常不超过黄豆大小，在皮肤内有珠状外突，挑破后可见白色脓液，严重时白点扩大、边缘不齐、溃烂，主要分布在腹部和四肢。②白斑病病灶主要分布在背部、四肢和颈腹部等，白斑处表皮逐渐坏死、脱落，甚至出血，继发细菌感染，并发腐皮病。当毛霉菌寄生到鳖的咽喉部时，鳖因呼吸困难而逐渐死亡，镜检可见白色菌丝体。③水霉病又称肤霉病、白毛病，在病鳖的四肢、颈部等处长有灰白色絮状菌丝体，柔软、厚而密，影响鳖的行动，鳖逐渐因食欲减退、体质消瘦而死亡。

263 怎样防治鳖腮腺炎？

【病原】疑为病毒。

【症状】病鳖颈部肿大，头部不能伸展，有时鼻孔出血，初期腹部有红斑，后期消失发白，呈浮肿状。最后爬向食台或晒背处，长久不下水而死于岸上。剖检可见肠空，多为乳白色，腮腺淡白糜烂，有分泌物，肝脏呈土黄或浅灰色。

此病重在预防，目前尚无十分有效的治疗方法。

【预防方法】①在工厂化养殖中改有沙养殖为无沙养殖；②优

化鳖养殖生态环境，尽量增加温棚的采光量；③高温季节定期使用光合细菌，以调节水质。

【治疗方法】①第一天用增氧底保净净化水质，第二天使用聚维酮碘溶液消毒，同时内服复方磺胺甲噁唑、维生素 C 钠粉及三金出血治的合剂，连用 5～7 天；②第一天用增氧底保净净化水质，第二天使用鑫醛速洁或者二氧化氯消毒，同时内服兑瘟灵Ⅱ、维生素 C 钠粉及三金出血治的合剂，连用 5～7 天。

264 怎样防治鳖白底板病？

【病原】鳖白底板病又称出血性肠道坏死症或出血性肠炎，病原体可能为嗜水气单胞菌、迟缓爱德华菌和变形杆菌，也可能是病毒。

【症状】突然或长期停食是白底板病的典型症状，减食量通常在 50% 以上。发病后病鳖多在池边漂游或集群，大多病鳖头颈伸出水面后仰，并张嘴作喘气状，有的鼻孔出血或出气泡，严重的有明显的神经症状，故对环境变化异常敏感，稍一惊动迅速逃跑，不久就潜回池边死亡。

病鳖体表无任何感染性病灶，背部中间隐约可见黑色圆块，俗称"黑盖"。病鳖死亡时头颈发软伸出体外，有的因吸水过多全身肿胀呈强直状，刚死的病鳖头部朝下提起时，口鼻滴血或滴水。有的腹部呈浊红色（红底板），有的则苍白色（白底板），大多雄性生殖器脱出体外，部分脖子肿大。

解剖可见，头颈部鳃样组织糜烂、呈淡黄色或灰白色、变性、坏死（鳃样组织炎）；气管中有大量黏液或少量紫黑色血块。背部，肺胀肿，有的肺气肿，丝状网络分离。有的有大量紫黑色血珠或淡黄色气泡。腹腔：肝肿大，有的呈紫黑色血肿，有的为淡黄色或灰白色"花肝"（肝炎），胆囊肿大；肠管中有大量瘀血块，有的肠壁充血（肠道出血症），也有的肠管中无任何食物；有的膀胱肿大、充水，稍触即破；心脏灰白色，心肌发软、无力；雌性输卵管充血，雄性睾丸肿大、充血，阴茎充血发硬。也有的有大量腹水。

【预防方法】①在工厂化养殖中改有沙养殖为无沙养殖；②优化鳖养殖生态环境，尽量增加温棚的采光量；③高温季节定期使用光合细菌，以调节水质。

【治疗方法】用增氧底保净净化水质，第二天施用用聚维酮碘溶液全池消毒，同时内服克瘟灵Ⅱ、维生素C钠粉、肝胆利康散及三金出血治的合剂，连用5～7天。

265 怎样防治鳖红底板病？

【病原】本病由点状产气单胞菌、嗜水气单胞菌、温和气单胞菌、豚鼠气单胞菌、脑膜炎败血性黄杆菌等多种细菌和病毒引起。

【症状】病鳖腹部有出血性红斑，重者溃烂，露出甲板；背甲失去光泽，有不规则的沟纹，严重时出现糜烂性增生物，溃烂、出血；口鼻发炎、充血、停食，反应迟钝，一般2～3天后死亡。

【预防方法】①加强越冬期的营养；②定期使用光合细菌等有益微生物，以保持良好的养殖环境；③在饲料中添加维生素C钠粉，以提高机体免疫力；④定期使用二氧化氯全池消毒。

【治疗方法】①外用聚维酮碘溶液或醛速洁全池泼洒，同时内服克瘟灵Ⅱ、维生素C钠粉、肝胆利康散及三金出血治的合剂，连用5～7天；②对鳖按每千克体重注射20万国际单位的硫酸链霉素，同时外用二氧化氯全池消毒。

266 怎样防治鳖穿孔病？

【病原】为嗜水气单胞菌。

【症状】病鳖背、腹甲、裙边和四肢基部开始是表面隆起，中间发白，周围血红色，然后从中间开始溃烂发白，呈疮痂状，疮痂周围出血，排开疮痂，可见甲壳穿孔，穿孔处有血流出。严重时背、腹甲穿孔，挑起疮痂可见洞穴直通内脏。

【预防方法】①保证饲料质量；②在饲料中定期添加维生素C钠粉等以增强鳖的体质；③定期使用光合细菌等有益微生物，以保持良好的养殖环境。

【治疗方法】①用增氧底保净或者降硝氨改善水质环境，全池泼洒鑫醛速洁，内服克瘟灵Ⅱ和维生素C钠粉的合剂；②全池泼洒二氧化氯，内服氟苯尼考；③给病鳖注射卡那霉素（按每千克体重1万国际单位）或庆大霉素（按每千克体重8万～15万国际单位）。

267 怎样防治鳖腐皮病（溃烂病）？

【病原】为嗜水气单胞菌和温和气单胞菌。

【症状】主要症状为病鳖的四肢、颈部、尾部及甲壳边缘等处的皮肤发生糜烂，皮肤组织变白、变黄，脚爪脱落；严重时颈部肌肉及骨骼外露，甚至脚爪脱落，裙边溃烂，最后死亡。

【预防方法】①放养健康、大小均匀的苗种，密度不能太高，随时按大小进行分池；②鳖池定期消毒，定期投喂克瘟灵Ⅱ等抗菌类药物；③定期用光合细菌等调节水质；④保证饲料质量，并在饲料中定期添加维生素C钠粉、肝胆利康散等能增强机体免疫力的药物。

【治疗方法】①全池泼洒鑫醛速洁，内服克瘟灵Ⅱ和维生素C钠粉的合剂；②全池泼洒二氧化氯，内服氟苯尼考；③给病鳖注射金霉素（按每千克体重20万国际单位）。

268 怎样防治鳖疖疮病？

【病原】为产气单胞菌。

【症状】发病初期，病鳖的颈部、背腹裙边、四肢基部及腹板上有数个芝麻大小至黄豆大小的白色疖疮，随后疖疮逐渐增大，向外突出。此时用手挤压，可挤出像粉刺样、易压碎、伴有腥臭气味的浅黄色颗粒或脓汁状的内容物。解剖观察，病鳖皮下、口腔、喉头及气管内有黄色黏液，肺、肾、肠道充血，体腔亦多黏液。

【预防方法】①定期消毒鳖池，定期投喂克瘟灵Ⅱ等抗菌类药物；②定期用光合细菌等调节水质；③保证饲料质量，并在饲料中定期添加维生素C钠粉、肝胆利康散等能增强机体免疫力的药物。

【治疗方法】①全池泼洒鑫醛速洁，内服克瘟灵Ⅱ和维生素C钠粉的合剂；②全池泼洒二氧化氯，内服氟苯尼考；③给病鳖按每千克体重 15 万～20 万国际单位的剂量注射青霉素、庆大霉素。

269 怎样防治鳖红脖子病（大脖子病）？

【病原】为嗜水气单胞菌。

【症状】病鳖颈部肿大，头部不能伸展，有时鼻孔出血，初期腹部有红斑，后期消失发白，呈浮肿状。病鳖口腔、食管、胃及肠黏膜呈明显的点状、斑块状出血，肝、脾肿大。

【预防方法】①定期消毒鳖池，定期投喂克瘟灵Ⅱ等抗菌类药物；②定期用光合细菌等调节水质；③保证饲料质量，并在饲料中定期添加维生素 C 钠粉、肝胆利康散等能增强机体免疫力的药物。

【治疗方法】①全池泼洒鑫醛速洁，内服克瘟灵Ⅱ和维生素 C 钠粉的合剂；②全池泼洒二氧化氯，内服氟苯尼考和维生素 C 钠粉的合剂。

270 怎样防治鳖白点病？

【病原】本病是对稚鳖威胁最大的常见病。病原为嗜水气单胞菌和温和气单胞菌。长途运输、分池、转池等人为因素致伤为本病的诱因，另外，发病还与水质恶化及饲料中营养物质不足有关。

【症状】患病稚鳖的头、颈、四肢、背腹甲、裙边等处出现白点，小的如芝麻大，大的像绿豆大小。白点向外突出，形成白色或浅黄色化脓点，挑开表面，可见内面干酪样物。患病鳖反应迟钝，常浮出水面，不摄食，继而死亡。解剖可见肠道发红，肝、脾肿大。

发病时间一般为 8～10 月，水温 23～25℃。主要危害稚鳖，发病时间多在稚鳖出壳后 1～2 个月内。我国各地无论温室或露天池均有发生。本病流行快，病程短，极易形成暴发。20 克以下的稚鳖发病率为 20%～50%，严重的死亡率达 90% 以上。

【预防方法】①定期消毒鳖池，定期投喂克瘟灵Ⅱ等抗菌类药物；②定期用光合细菌等调节水质。

【治疗方法】①用增氧底保净或者降硝氨改善水质环境，全池泼洒二氧化氯；②内服氟苯尼考和维生素 C 钠粉的合剂；③每隔 2

天用 2～3 克/米^3 的亚甲基蓝全池泼洒，连泼 2 次；④用 0.1％的食盐与小苏打合剂（1∶1）全池泼洒。

271 怎样防治鳖白斑病？

【病原】鳖白斑病又称毛霉病，常年均可流行，在流水养鳖中较易发生。该病是由鳖苗体表受伤后在养殖水温较低、水较清的水环境中感染毛霉、水霉而引发的疾病，因其病灶中的真菌菌丝在水下观察时呈白色絮状斑块而得名。

【症状】患病初期，病鳖的主要症状为在四肢、裙边等处出现白斑，在清水中更明显可见。以后，白斑慢慢地蔓延至四肢、背部及头颈部，逐渐扩大形成块状白斑。接着，白斑部位表皮坏死，形成溃疡、腐烂。病鳖食欲明显减退，最后不进食，精神不振，反应迟钝，即使受到惊吓也不会马上沉入水中，濒死病鳖常单个卧于池坡或食台上晒太阳。

【预防方法】①定期消毒鳖池，定期投喂克瘟灵Ⅱ等抗菌类药物；②定期用光合细菌等调节水质。

【治疗方法】①用增氧底保净或者降硝氨改善水质环境，全池泼洒二氧化氯；②内服维生素 C 钠粉、多维，全池泼洒活而爽等肥水；③每隔两天用 2～3 克/米^3 的亚甲基蓝全池泼洒，连泼两次；④用 0.1％的食盐与小苏打合剂（1∶1）全池泼洒。

272 怎样防治鳖钟形虫病？

【病原】为累枝虫、单缩虫和聚缩虫。

【症状】肉眼可见病鳖的四肢、背颈部甚至头部有一簇簇毛状物，这种毛状物会随着池水颜色的变化而变化。在水中不像水霉那样柔软飘逸。病情严重时病鳖四肢呈褐色、铜绿色。少量寄生对鳖无影响，大量寄生时对稚鳖生长有很大影响。

【预防方法】①养殖过程中保持水质的良好和稳定；②在高温季节要适当加深水位，以保持池底相对较低的水温；③定期泼洒光合细菌等调节水质；④定期使用二氧化氯消毒池水。

【治疗方法】①全池泼洒纤毛净，第二天使用聚维酮碘溶液全池消毒；②全池泼洒纤虫清，第二天使用聚维酮碘溶液全池消毒；③有条件的，可以用鑫醛速洁浸泡病鳖1～2次，即可治愈。

273 怎样防治鳖萎瘪病？

【病因】本病多由营养不良或者是水质恶化所致。

【症状】病鳖显得极度消瘦，背甲骨骼外凸明显，裙边向上蜷缩，有的还有水肿现象。

【预防方法】①养殖过程中定期消毒，保持水质的良好和稳定；②定期泼洒光合细菌等调节水质；③注意饲料营养均衡，选用优质饲料。

治疗措施：在饲料中添加鲜活饲料，也可根据需要在饲料中补充1％的鱼油、2％的酵母粉和5％的血粉，此外，在池中泼洒二氧化氯也有一定的作用。

274 怎样防治鳖类的越冬死亡？

【病因】该病是由多种因素共同作用而引起的综合性疾病，除了因病原体感染而导致鳖死亡外，主要是由于鳖在入冬时体质不好和越冬管理不善造成的。

【症状】主要发生在11月至翌年5月冬眠期或苏醒后的鳖，病鳖背甲失去光泽，呈深黑色，身体消瘦，有的显出肋骨外形，呈铁轨状，裙边柔软而无弹性，萎缩并出现皱纹，向上翘起。病鳖四肢乏力，活动摄食能力减弱，静躺在岸边，慢慢死亡。

【防治方法】①越冬前，对鳖进行强化培育，在饲料中添加多种维生素，按饲料量的5％添加鱼油、玉米油等高热量饲料；②用二氧化氯全池消毒2～3次，并在饲料中添加氟苯尼考和维生素C钠粉的合剂，连用7～10天，提高机体免疫力；③冬眠期内保持鳖越冬的环境不受惊扰，水深维持在1.5米左右；④越冬后，全池泼洒二氧化氯，给鳖投喂营养丰富的鲜活饵料，并在饲料中添加氟苯尼考和维生素C钠粉，连用5～7天。

275 怎样防治林蛙脑膜炎？

【病原】为脑膜炎败血黄杆菌。当水质恶化、水温度化较大时易发此病，主要危害对象是 100 克以上的成蛙。发病期集中在 7～10 月。本病具有病期长、传染性强及死亡率高的特点，最高死亡率可达 90％以上，危害极为严重。

【防治方法】①水是其主要传染途径，应定期对水体进行消毒，可全池泼洒富氯、杀灭海因等消毒剂；②对患病林蛙要做严格的毁灭处理，活埋或烧毁；③在饵料中添加氟苯尼考，连用 5～7 天。

276 怎样防治林蛙链球菌病？

【病原】为链球菌。长期不清池消毒，水质条件差，是诱发该病的主要原因。

【症状】林蛙发病时外表无明显症状，仅表现为体色呈灰黑色，失去原有光泽，活动及摄食均正常，一旦停食则很快死亡。病死蛙多集中在阴湿的丛中或食台上。患病林蛙临死前头部低垂，口吐黏液，黏液中常伴有血丝，故在病死林蛙周围常有一摊淡红色黏液，并常伴有舌头露出口腔的症状，机体瘫软如稀泥。解剖可见病死林蛙肝部病变严重，或充血呈紫红色，或失血呈灰白色；肠道失血呈白色，少见充血紫色；胆汁浓，呈墨绿色；肠回缩入胃中，呈结套状。

【防治方法】①在放养前，施用富氯、生石灰等对养殖池进行彻底消毒；②保持养殖环境的清洁，避免投喂变质饵料，杜绝将病死的水生动物作为林蛙的饵料；③在选购林蛙种苗时，避免引入带病林蛙；④种苗在入池前，用高锰酸钾溶液浸泡消毒；⑤定期施用二溴海因、杀灭海因、聚维酮碘溶液等消毒剂进行全池消毒，并内服氟苯尼考粉、维生素 C 钠粉。

277 怎样防治牛蛙红腿病？

【病原】为嗜水气单胞菌。牛蛙自蝌蚪至亲蛙均易患此病，一年四季均可发生，尤其是水温为 20℃时，病情最为严重。该病经口和皮肤接触传染。当水质恶化、蛙体受伤、营养不良、水温和气温温差大时，更易暴发流行，死亡率高。

【症状】患病牛蛙精神不振，跳跃无力；头、嘴、下颌、腹部、腿及脚趾上多处充血、水肿，有时还有溃疡灶；临死前呕吐、拉血便。

解剖病死牛蛙，腹腔内有大量无色透明的腹水，肝、脾、肾肿大，肺、肝、脾有出血点，有时肝、脾呈褐色。

【预防方法】①要合理建造蛙池，每个蛙池应有独立的进、排水管，蛙池的底及四壁要光滑；②蛙池使用前，施用富氯、生石灰等进行全池消毒；③放养密度要合理，且投喂足量的优质饲料，不投患病、病死的野生青蛙和蝌蚪；④疾病流行季节，可注射牛蛙红腿病灭活菌苗进行预防。

【治疗方法】①全池泼洒二溴海因、杀灭海因或聚维酮碘溶液等消毒剂，并内服氟苯尼考粉和维生素 C 钠粉；②将患病牛蛙捞起，放在 10％～15％的盐水中浸泡 15 分钟，2 天后可治愈；③把牛蛙移入另一池中，再用万分之一的硫酸铜溶液全池泼洒。

278 怎样防治美国青蛙气泡病？

【病因】不洁池水中的有机质大量发酵所产生的气泡被美国青蛙吞食而致。

【症状】患病的美国青蛙腹部膨大如气球，不能游泳，腹部朝上，漂浮于水面上，最后死亡。

【防治方法】池水每隔 3 天换 1 次，同时洗刷池中沉淀的残料；把发病的美国青蛙移入装有深 20 厘米左右的水的池或胶水桶中，让其腹部的气体慢慢排掉。

279 怎样防治美国青蛙脱皮病？

【病因】此病因美国青蛙缺乏多种维生素及微量元素而引起背部局部或大部脱皮充血而得名。

【防治方法】在饲料中适当添加维生素及微量元素，如定期拌饵投喂维生素 C 钠粉、鑫洋多维等，可避免此病的发生。

280 如何避免蜻蜓幼虫对美国青蛙蝌蚪阶段的危害？

蜻蜓幼虫又叫水蝎子，秋季蜻蜓将卵产于水中，经过一冬一春的发育，卵便长成 3～4 厘米长的幼虫，春夏之交飞出水面。当孵出的蜻蜓幼虫在水里时，常以蝌蚪为食，对蝌蚪危害相当大。

【防治措施】在水田里放置多个 1 米³ 左右的小孔网箱，网箱上加盖网盖，将蝌蚪全部移入网箱内养殖，待蝌蚪到达变态期，再放入水田中饲养，这样就避免了蜻蜓幼虫的危害。

281 怎样防治鲍鱼弧菌病？

【病原】红鲍在幼小时容易发生弧菌病，分离出弧菌的生化特性与溶藻酸弧菌相似。

【症状】病鲍足上皮组织脱落，患病个体不活泼。重病时机械刺激无反应。病鲍身体褪色，触手软弱无力，内脏团萎缩，足缩回。检查血液中有活动的细菌。鲍鱼从变态到 1 厘米长发生持久性死亡，有时出现死亡高峰。一般高温条件下或充氧过多时易发病。

【防治方法】①幼鲍应在适宜环境下养殖，对有外伤的鲍鱼，可使用药物浸洗伤口；②外用聚维酮碘溶液配合内服氟苯尼考治疗该病，可取得较好效果。

282 为什么鲍鱼每到春、冬季就发生暴发性死亡？

鲍鱼暴发性死亡的特点是发病急、传播快、感染力强及致死率极高，死亡率接近 100%。春、冬季是其高发期，水温低于 20℃时易暴发；而当水温高于 24℃时，病情就会缓解。

该病是由病毒和细菌并发感染而引起，防治十分困难，主要靠预防。

【防治方法】①放养杂交鲍苗进行鲍的种质复壮；②加强防疫

工作，尽量减少苗种调运行为；③严格隔离制度，防止病原通过人员、工具和水的流动引起交叉感染；④养殖用水净化处理，通过消毒、过滤和沉淀等方法减少病原的数量；⑤饲养管理要讲究科学性，如养殖密度适宜、换水量合理、及时清污、投喂新鲜优质饵料（如江蓠、龙须菜及高级人工配合饵料等）且投饵方法恰当；⑥用药要对症，外用聚维酮碘溶液配合内服氟苯尼考治疗该病，可取得较好效果。

283 如何防治海参扁形动物病？

【病原】扁虫感染一般与细菌感染同时存在，而且扁虫多在细菌感染后的病参体上存在，加剧海参的病情，加速海参的死亡。因此，初步断定扁虫也是刺参腐皮综合征的病原之一，属继发性感染。扁虫细长，呈线状，长度不等，形体具有多态性。到目前为止，仅见刺参有该虫寄生，故又称之为刺参扁虫。

【症状】发病症状与刺参腐皮综合征的症状类似。病参腹部和背部多有溃烂斑块，严重的甚至整块组织烂掉，露出深层组织。大量的扁虫寄生在皮下组织内，造成组织溃烂和损伤。越冬感染的幼体附着力下降易从附着基滑落池底。经解剖后发现患病个体多数已经排脏，丧失摄食能力。

此病以每年的1～3月养殖水体温度较低时期（8℃以下）为发病高峰期，越冬幼参培育期和成参养殖期均有发现，可导致较高的死亡率。当水温上升到14℃以上时，病情减轻或消失。

【防治方法】外用海参杀虫剂全池泼洒，2天后用聚维酮碘溶液全池泼洒，防止二次感染。

284 如何防治海参盾纤毛虫病？

【病原】盾纤毛虫活体外观呈瓜子形，皮膜薄，无缺刻，新鲜分离得到的虫体平均大小为38.4微米×21.7微米。

【症状】微生物分离和显微观察显示：该病多由细菌和纤毛虫协同致病。首先，稚参被细菌感染而活力减弱，然后遭到纤毛虫的攻击而死亡。当稚参活力弱时，在显微镜下可见纤毛虫攻击参体造成创口后，继而侵入组织内部，在海参体内大量繁殖，致使海参幼体解体死亡。

在夏季高温季节（水温在 20℃左右），海参幼体附板后的2～3天易暴发此病。未见在海参浮游幼体时期发生。该病感染率高，传染快，短时间内可造成稚参的大规模死亡。

【防治方法】①养殖用水应严格砂滤和网滤（300 目）处理；②及时清除池底污物，勤刷附着基，适时倒池；③饵料应经过药物处理后再投喂，以防止饵料带入致病菌和寄生虫；④在育苗池中，配合使用克瘟灵Ⅱ或氟苯尼考等，以保障海参幼体强健不受细菌的感染，从而抵御盾纤毛虫的攻击。

285 如何防治海参腐皮综合征？

【病原】感染初期病灶部位以假单胞菌属和弧菌属的灿烂弧菌为优势菌，感染后期由于海参表皮受细菌的侵袭腐蚀作用形成体表创伤面，易于使霉菌和寄生虫富集和侵入造成继发性感染，加剧海参的死亡。

【症状】感染初期，海参多有摇头现象，口部出现局部性感染，表现为触手黑浊，对外界刺激反应迟钝，口部肿胀、不能收缩与闭合，继而大部分海参会出现排脏现象；感染中期，海参身体收缩、僵直，体色变暗，但肉刺变白、秃钝，口腹部出现小面积溃疡，形成小的蓝白色斑点；感染末期，病参的病灶扩大，溃疡处增多，表皮大面积腐烂，最终海参死亡，溶化为鼻涕状的胶体。

该病也称皮肤溃烂病、化皮病，是当前养殖海参最常见的疾病，危害最为严重。越冬保苗期幼参和养成期海参均可感染发病，以幼参的感染率、发病率和死亡率高于成参。幼参感染率很高，一旦发病很快就会蔓延至全池，死亡率可达90％以上，属急性死亡。每年的1～3月养殖水体温度较低时（8℃以下）是发病高峰期。

【防治方法】①购买参苗时应实施种苗健康检查措施。②投放苗种的密度适宜，保持良好的水质和底质环境。③采取"冬病秋治"的策略，入冬前后定期施用底质改良剂以氧化池底有机物，杀灭病原微生物，改善海参栖息环境；同时趁海参能够摄食时投喂克瘟灵Ⅱ、氟苯尼考、海参多维等，使海参在冬季时体内积累一定浓度的药物以达到抗病效果，使海参安全越冬。④巡池观察海参的活动状态、体表变化、摄食与粪便情况及池底清洁状况，定时测量水质指标和海参的生长速度。发现海参患病后，应遵循"早发现、早隔离、早治疗"的原则，及时将身体已经严重腐烂的个体拣出后进行掩埋处理。未发病和病轻的个体可用氨基糖苷类抗生素，以药浴和口服的方式同时进行治疗。⑤有条件的养殖场，可提高水温保苗，保持较高的温度（14℃以上），可提高海参摄食能力与抗病能力。

286 如何防治海参化板症？

【病原】本病具有病原的多样性和复杂性，现已鉴定出1株弧菌为致病菌之一。

【症状】发病症状主要有：附着的幼体收缩不伸展，触手收缩，活力下降，附着力差，并逐渐失去附着在附着基上的能力而沉落池底。在光学显微镜下，可见患病幼体表皮出现褐色"锈"斑和污物，有的患病稚参体外包被一层透明的薄膜，皮肤逐渐溃烂直至解体，骨片散落。镜检池底可见大量骨片。

此病也称为滑板病、脱板病和解体病，多在樽形幼体向五触手幼体变态和幼体附板后的稚参阶段发生，是刺参育苗后期普遍发生的、危害最严重一种流行性疾病。该病传染性很强，发病快，数天内死亡率可近100％。

【防治方法】①对养殖用水采用二次砂滤或紫外线消毒的方法，并及时清除残饵、粪便及有机物等，适时倒池，尽量减少养殖用水中病菌的数量；②重视投饵的质量和数量，特别是通过消毒来确保海泥和鼠尾藻等饵料不携带重要致病菌；③应定时镜检，观察幼体摄食、活动及健康状况；④发现病情，在池中泼洒氟苯尼考，以药浴和口服的方式同时进行治疗。

287 *如何防治海参烂边病？*

【病原】弧菌（*Vibrio lentus*）是烂边病的病原之一。

【症状】在显微镜下耳状幼体边缘突起处组织增生，颜色加深、变黑，边缘变得模糊不清，逐渐溃烂，最后整个幼体解体消失。经苏木素-伊红染色发现细胞核固缩浓染，组织细胞坏死。存活的个体发育迟缓、变态率低，即使幼体能变态附板1周左右也大多"化板"消失。该病多在每年6～7月耳状幼体阶段发生，死亡率一般较高。

【防治方法】外用聚维酮碘溶液，配合内服氟苯尼考、海参多维等，2～3天后基本能有效控制病情，防止疾病的蔓延。

288 *如何防治海参烂胃病？*

【病因】发病原因一方面是由于饵料品质不佳（如投喂老化、沉淀变质的单胞藻饵料），或饵料营养单一（如单独投喂金藻类、扁藻等饵料）；另一方面，一些细菌感染幼体也可以导致此病发生。

【症状】发病症状主要为：幼体胃壁增厚、粗糙，胃的周边界限变得模糊不清，继而萎缩变小、变形，严重时整个胃壁发生糜烂，最终可导致幼体死亡。患病幼体摄食能力下降或不摄食，发育迟缓，形态、大小不齐，从耳状幼体到樽形幼体变态率低。

此病多在大耳状幼体后期发生，每年6～7月高温期和幼体培育密度大时更容易发病。该病在山东、辽宁两省都有发现，发病率有逐年升高的趋势。

【防治方法】①投喂新鲜适口的饵料（如角毛藻、盐藻或海洋酵母），满足幼体发育和生长的需要；②适当加大换水量，减少水体中细菌的数量，配合外用聚维酮碘溶液、内服氟苯尼考有良好疗效。

289 *如何防治海参霉菌病？*

【病因】此病是由于过多有机物或大型藻类死亡沉积，致使大量霉菌生长，然后由霉菌感染海参而导致疾病发生。

【症状】典型的外观症状为参体水肿或表皮腐烂。发生水肿的个体通体臌胀，皮肤薄而透明，色素减退，触摸参体有柔软的感觉。表皮发生腐烂的个体，棘刺尖处先发白，然后以棘刺为中心开始溃烂，严重时棘刺烂掉呈白斑状；继而感染面积扩大，表皮溃烂脱落，露出深层皮下组织而呈现蓝白色。虽然霉菌病一般不会导致海参的大量死亡，但其感染造成的外部创伤会引发其他病原的继发性感染和外观品质的下降。

每年的4～8月为霉菌病的高发期，幼参和成参都可患病，但在育苗期未见此病发生。目前尚未发现霉菌病导致海参大批死亡的病例。

【防治方法】①防止投饵过多，保持池底和水质清洁；②避免过多的大型绿藻繁殖，并及时清除沉落池底的藻类，防止池底环境恶化；③采取清污和晒池措施，防止过多有机物累积；④外用聚维酮碘溶液全池泼洒。

 290 **如何防治海参细菌性溃烂病？**

【病原】该病主要是细菌感染所致，具体菌种未见报道。致病菌在附着板上繁殖很快，使附着板上出现蓝色、粉红色或紫红色的菌落。凡有上述菌落蔓延的附着板上，稚参很容易发生溃烂病而死亡，直至解体。

【症状】发病症状主要为：患病稚参的活力减弱，附着力也相应减弱，摄食能力下降，继而身体收缩，变成乳白色球状，并伴有局部组织溃烂，而后溃烂面积逐渐扩大，躯体大部分烂掉，骨片散落，最后整个参体解体而在附着基上只留下一个白色印痕。

稚参培育阶段正值夏季高温季节，加上培养密度一般比较大，故此病发生率很高，传染速度快，尤其是5毫米以内的稚参，容易患病死亡。一经发生很快就会波及全池，难于控制，在短期内可使全池稚参覆灭。

【防治方法】外用聚维酮碘溶液，配合内服氟苯尼考、海参多维等，2～3天后基本能有效控制病情，防止疾病蔓延。

附录

APPENDIX

附录一 食品动物禁用的兽药及其他化合物清单

序号	药物及其他化合物名称	禁止用途
1	兴奋剂类：克仑特罗、沙丁胺醇、西马特罗及其盐、酯及制剂	所有用途
2	性激素类：己烯雌酚及其盐、酯及制剂	所有用途
3	具有雌激素样作用的物质：玉米赤霉醇、去甲雄三烯醇酮、醋酸甲孕酮及制剂	所有用途
4	氯霉素及其盐、酯（包括：琥珀氯霉素）及制剂	所有用途
5	氨苯砜及制剂	所有用途
6	硝基呋喃类：呋喃唑酮、呋喃它酮、呋喃苯烯酸钠及制剂	所有用途
7	硝基化合物：硝基酚钠、硝呋烯腙及制剂	所有用途
8	催眠、镇静类：安眠酮及制剂	所有用途
9	林丹（丙体六六六）	杀虫剂
10	毒杀芬（氯化烯）	杀虫剂、清塘剂
11	呋喃丹（克百威）	杀虫剂
12	杀虫脒（克死螨）	杀虫剂
13	双甲脒	杀虫剂
14	酒石酸锑钾	杀虫剂
15	锥虫肿胺	杀虫剂

（续）

序号	药物及其他化合物名称	禁止用途
16	孔雀石绿	抗菌、杀虫剂
17	五氯酚酰钠	杀螺剂
18	各种汞制剂包括：氯化亚汞（甘汞）、硝酸亚汞、醋酸汞、吡啶基醋酸汞	杀虫剂
19	性激素类：甲基睾丸酮、丙酸睾酮、苯丙酸诺龙、苯甲酸雌二醇及其盐、酯及制剂	促生长
20	催眠、镇静类：氯丙嗪、地西泮（安定）及其盐、酯及制剂	促生长
21	硝基咪唑类：甲硝唑、地美硝唑及其盐、酯及制剂	促生长

资料来源：中华人民共和国农业部公告第 193 号。

附录二　无公害渔药使用方法及禁用渔药

表1　渔用药物使用方法

渔药名称	用　途	用法与用量	休药期/d	注意事项
氧化钙（生石灰）calcii oxydum	用于改善池塘环境、清除敌害生物及预防部分细菌性鱼病	带水清塘：200～250毫克/升（虾类：350～400毫克/升）；全池泼洒：20毫克/升（虾类：15～30毫克/升）		不能与漂白粉、有机氯、重金属盐和有机络合物混用
漂白粉 bleaching powder	用于清塘、改善池塘环境，以及防治细菌性皮肤病、烂鳃病和出血病	带水清塘：20毫克/升；全池泼洒：1.0～1.5毫克/升	≥5	1.勿用金属容器盛装 2.勿与酸、胺盐、生石灰混用
二氯异氰脲酸钠 sodium dichloroisocyanurate	用于清塘及防治细菌性皮肤溃疡病、烂鳃病、出血病	全池泼洒：0.3～0.6毫克/升	≥10	勿用金属容器盛装
三氯异氰脲酸 trichlorosisocyanuric acid	用于清塘及防治细菌性皮肤溃疡病、烂鳃病、出血病	全池泼洒：0.2～0.5毫克/升	≥10	1.勿用金属容器盛装 2.针对不同的鱼类和水体的pH，使用量应适当增减
二氧化氯 chlorine dioxide	用于防治细菌性皮肤病、烂鳃病和出血病	浸浴：20～40毫克/升，5～10分钟；全池泼洒：0.1～0.2毫克/升，严重时0.3～0.6毫克/升	≥10	1.勿用金属容器盛装 2.勿与其他消毒剂混用

（续）

渔药名称	用　途	用法与用量	休药期/d	注意事项
二溴海因	用于防治细菌性和病毒性疾病	全池泼洒：0.2～0.3毫克/升		
氯化钠（食盐）sodium choiride	用于防治细菌、真菌或寄生虫疾病	浸浴：1%～3%，5～20分钟		
硫酸铜（蓝矾、胆矾、石胆）copper sulfate	用于治疗纤毛虫、鞭毛虫等寄生性原虫病	浸浴：8毫克/升（海水鱼类：8～10毫克/升），15～30分钟 全池泼洒：0.5～0.7毫克/升（海水鱼类：0.7～1.0毫克/升）		1. 常与硫酸亚铁合用 2. 广东鲂慎用 3. 勿用金属容器盛装 4. 使用后注意池塘增氧 5. 不宜用于治疗小瓜虫病
硫酸亚铁（硫酸低铁、绿矾、青矾）ferrous sulphate	用于治疗纤毛虫、鞭毛虫等寄生性原虫病	全池泼洒：0.2毫克/升（与硫酸铜合用）		1. 治疗寄生性原虫病时需与硫酸铜合用 2. 乌鳢慎用
高锰酸钾（锰酸钾、灰锰氧、锰强灰）potassium permanganate	用于杀灭锚头鳋	浸浴：10～20毫克/升，15～30分钟；全池泼洒：4～7毫克/升		1. 水中有机物含量高时药效降低； 2. 不宜在强烈阳光下使用
四烷基季铵盐络合碘（季铵盐含量为50%）	对病毒、细菌、纤毛虫、藻类有杀灭作用	全池泼洒：0.3毫克/升（虾类相同）		1. 勿与碱性物质同时使用 2. 勿与阴性离子表面活性剂混用 3. 使用后注意池塘增氧 4. 勿用金属容器盛装

（续）

渔药名称	用　途	用法与用量	休药期/d	注意事项
大蒜 garlic	用于防治细菌性肠炎	拌饵投喂：每千克体重 10～30 克，连用 4～6 天（海水鱼类相同）		
大蒜素粉（含大蒜素 10％）	用于防治细菌性肠炎	每千克体重 0.2 克，连用 4～6 天（海水鱼类相同）		
大黄 medicinal rhubarb	用于防治细菌性肠炎、烂鳃病	全池泼洒：2.5～4.0 毫克/升（海水鱼类相同）；拌饵投喂：每千克体重 5～10 克，连用 4～6 天（海水鱼类相同）		投喂时常与黄芩、黄柏合用，三者比例为 5∶2∶3
黄芩 raikai skullcap	用于防治细菌性肠炎、烂鳃病、赤皮病、出血病	拌饵投喂：每千克体重 2～4 克，连用 4～6 天（海水鱼类相同）		投喂时常与大黄、黄柏合用，三者比例为 2∶5∶3
黄柏 amur corktree	用于防治细菌性肠炎、出血	拌饵投喂：每千克体重 3～6 克，连用 4～6 天（海水鱼类相同）		投喂时常与大黄、黄芩合用，三者比例为 3∶5∶2
五倍子 chinese sumac	用于防治细菌性烂鳃病、赤皮病、白皮病、疖疮病	全池泼洒：2～4 毫克/升（海水鱼类相同）		
穿心莲 common andrographis	用于防治细菌性肠炎、烂鳃病、赤皮病	全池泼洒：15～20 毫克/升；拌饵投喂：每千克体重 10～20 克，连用 4～6 天		

（续）

渔药名称	用　　途	用法与用量	休药期/d	注意事项
苦参 lightyellow sophora	用于防治细菌性肠炎、竖鳞病	全池泼洒：1.0～1.5毫克/升； 拌饵投喂：每千克体重1～2克，连用4～6天		
土霉素 oxytetracycline	用于治疗肠炎、弧菌病	拌饵投喂：每千克体重50～80毫克，连用4～6天（海水鱼类相同，虾类：每千克体重50～80毫克，连用5～10天）	≥30（鳗鲡） ≥21（鲶鱼）	勿与铝、镁离子及卤素、碳酸氢钠、凝胶合用
噁喹酸 cxolinic acid	用于治疗细菌肠炎、赤鳍病，香鱼、对虾弧菌病，鲈鱼结节病及鲱鱼疖疮病	拌饵投喂：每千克体重10～30毫克，连用5～7天（海水鱼类每千克体重1～20毫克；对虾：每千克体重6～60毫克，连用5天）	≥25（鳗鲡） ≥21（鲤鱼、香鱼） ≥16（其他鱼类）	用药量视不同的疾病有所增减
磺胺嘧啶（磺胺哒嗪） sulfadiazine	用于治疗鲤科鱼类的赤皮病、肠炎，海水鱼链球菌病	拌饵投喂：每千克体重100毫克，连用5天（海水鱼类相同）		1. 与甲氧苄氨嘧啶（TMP）同用，可产生增效作用 2. 第一天药量加倍
磺胺甲噁唑（新诺明、新明磺） sulfamethoxazole	用于治疗鲤科鱼类的肠炎	拌饵投喂：每千克体重100毫克，连用5～7天		1. 不能与酸性药物同用 2. 与甲氧苄氨嘧啶（TMP）同用，可产生增效作用 3. 第一天药量加倍

（续）

渔药名称	用　　途	用法与用量	休药期/d	注意事项
磺胺间甲氧嘧啶（制菌磺、磺胺-6-甲氧嘧啶）sulfamonome-thoxine	用鲤科鱼类的竖鳞病、赤皮病及弧菌病	拌饵投喂：每千克体重 50～100 毫克，连用 4～6 天	≥37（鳗鲡）	1. 与甲氧苄氨嘧啶（TMP）同用，可产生增效作用 2. 第一天药量加倍
氟苯尼考 florfenicol	用于治疗鳗鲡爱德华病、赤鳍病	拌饵投喂：每千克体重 10.0 毫克，连用 4～6 天	≥7（鳗鲡）	
聚维酮碘（聚乙烯吡咯烷酮碘、皮维碘、PVP-I、伏碘）（有效碘 1.0%）povidone-iodine	用于防治细菌烂鳃病、弧菌病、鳗鲡红头病，并可用于预防病毒病，如草鱼出血病、传染性胰腺坏死病、传染性造血组织坏死病和病毒性出血败血症	全池泼洒：海水、淡水幼鱼、幼虾：0.2～0.5 毫克/升；海水、淡水成鱼、成虾：1～2 毫克/升；鳗鲡：2～4 毫克/升；浸浴：草鱼种：30 毫克/升，15～20 分钟；鱼卵：30～50 毫克/升（海水鱼卵 25～30 毫克/升），5～15 分钟		1. 勿与金属物品接触 2. 勿与季铵盐类消毒剂直接混合使用

注 1：用法与用量栏未标明海水鱼类与虾类的均适用于淡水鱼类。

注 2：休药期为强制性。

表2 禁用渔药

药物名称	化学名称（组成）	别　　名
地虫硫磷 fonofos	O-2基-S苯基二硫代磷酸乙酯	大风雷
六六六 BHC（HCH） Benzem，bexachloridge	1,2,3,4,5,6-六氯环己烷	
林丹 lindane，agammaxare，gamma-BHC(gamma-HCH)	γ-1,2,3,4,5,6-六氯环己烷	丙体六六六
毒杀芬 camphechlor（ISO）	八氯莰烯	氯化莰烯
滴滴涕 DDT	2,2-双（对氯苯基）-1,1,1-三氯乙烷	
甘汞 calomel	二氯化汞	
硝酸亚汞 mercurous nitrate	硝酸亚汞	
醋酸汞 mercuric acetate	醋酸汞	
呋喃丹 carbofuran	2,3-氢-2,2-二甲基-7-苯并呋喃-甲基氨基甲酸酯	克百威、大扶农
杀虫脒 chlordimeform	N-（2-甲基-4-氯苯基）N'，N'-二甲基甲脒盐酸盐	克死螨
双甲脒 anitraz	1,5-双-（2,4-二甲基苯基）-3-甲基1,3,5-三氮戊二烯-1,4	二甲苯胺脒
氟氯氰菊酯 flucythrinate	（R,S）-α-氰基-3-苯氧苄基-（R,S）-2-(4-二氟甲氧基)-3-甲基丁酸酯	保好江乌、氟氰菊酯
五氯酚钠 PCP-Na	五氯酚钠	
孔雀石绿 malachite green	$C_{23}H_{25}ClN_2$	碱性绿、盐基块绿、孔雀绿

（续）

药物名称	化学名称（组成）	别　名
锥虫肿胺 tryparsamide		
酒石酸锑钾 anitmonyl potassium tartrate	酒石酸锑钾	
磺胺噻唑 sulfathiazolum ST，norsultazo	2-（对氨基苯碘酰胺）-噻唑	消治龙
磺胺脒 sulfaguanidine	N1-脒基磺胺	磺胺胍
呋喃西林 furacillinum，nitrofurazone	5-硝基呋喃醛缩氨基脲	呋喃新
呋喃唑酮 furazolidonum，nifulidone	3-（5-硝基糠叉胺基）-2-噁唑烷酮	痢特灵
呋喃那斯 furanace，nifurpirinol	6-羟甲基-2-［-（5-硝基-2-呋喃基乙烯基）］吡啶	P-7138 （实验名）
氯霉素 （包括其盐、酯及制剂） chloramphennicol	由委内瑞拉链霉素生产或合成法制成	
红霉素 erythromycin	属微生物合成，是 *Streptomyces eyythreus* 生产的抗生素	
杆菌肽锌 zinc bacitracin premin	由枯草杆菌 *Bacillus subtilis* 或 *B. leicheniformis* 所产生的抗生素，为一含有噻唑环的多肽化合物	枯草菌肽
泰乐菌素 tylosin	*S. fradiae* 所产生的抗生素	
环丙沙星 ciprofloxacin（CIPRO）	为合成的第三代喹诺酮类抗菌药，常用盐酸盐水合物	环丙氟哌酸
阿伏帕星 avoparcin		阿伏霉素

（续）

药物名称	化学名称（组成）	别　名
喹乙醇 olaquindox	喹乙醇	喹酰胺醇羟乙喹氧
速达肥 fenbendazole	5-苯硫基-2-苯并咪唑	苯硫哒唑氨甲基甲酯
己烯雌酚 （包括雌二醇等其他类似合成等雌性激素） diethylstilbestrol，stilbestrol	人工合成的非甾体雌激素	乙烯雌酚，人造求偶素
甲基睾丸酮 （包括丙酸睾丸素、去氢甲睾酮以及同化物等雄性激素） methyltestosterone，metandren	睾丸素 C_{17} 的甲基衍生物	甲睾酮甲基睾酮

资料来源：NY 5071—2002　无公害食品　渔用药物使用准则。

附录三　水产品中渔药残留限量

药物类别		药物名称		指标（MRL）/
		中文	英文	（μg/kg）
抗生素类	四环素类	金霉素	Chlortetracycline	100
		土霉素	Oxytetracycline	100
		四环素	Tetracycline	100
	氯霉素类	氯霉素	Chloramphenicol	不得检出
磺胺类及增效剂		磺胺嘧啶	Sulfadiazine	100（以总量计）
		磺胺甲基嘧啶	Sulfamerazine	
		磺胺二甲基嘧啶	Sulfadimidine	
		磺胺甲噁唑	Snlfamethoxazole	
		甲氧苄啶	Trimethoprim	50
喹诺酮类		噁喹酸	Oxilinic acid	300
硝基呋喃类		呋喃唑酮	Furazolidone	不得检出
其他		己烯雌酚	Diethylstilbestrol	不得检出
		喹乙醇	Olaquindox	不得检出

资料来源：NY 5070—2002　无公害食品　水产品中渔药残留限量。

附录四　渔用配合饲料的安全指标限量

项　目	限量	适用范围
铅（以 Pb 计）/（mg/kg）	≤5.0	各类渔用配合饲料
汞（以 Hg 计）/（mg/kg）	≤0.5	各类渔用配合饲料
无机砷（以 As 计）/（mg/kg）	≤3	各类渔用配合饲料
镉（以 Cd 计）/（mg/kg）	≤3	海水鱼类、虾类配合饲料
	≤0.5	其他渔用配合饲料
铬（以 Cr 计）/（mg/kg）	≤10	各类渔用配合饲料
氟（以 F 计）/（mg/kg）	≤350	各类渔用配合饲料
游离棉酚/（mg/kg）	≤300	温水杂食性鱼类、虾类配合饲料
	≤150	冷水性鱼类、海水鱼类配合饲料
氰化物/（mg/kg）	≤50	各类渔用配合饲料
多氯联苯/（mg/kg）	≤0.3	各类渔用配合饲料
异硫氰酸酯/（mg/kg）	≤500	各类渔用配合饲料
噁唑烷硫酮/（mg/kg）	≤500	各类渔用配合饲料
油脂酸价（KOH）/（mg/g）	≤2	渔用育苗配合饲料
	≤6	渔用育成配合饲料
	≤3	鳗鲡育成配合饲料
黄曲霉毒素 B_1/（mg/kg）	≤0.01	各类渔用配合饲料
六六六/（mg/kg）	≤0.3	各类渔用配合饲料
滴滴涕/（mg/kg）	≤0.2	各类渔用配合饲料
沙门氏菌/（cfu/25g）	不得检出	各类渔用配合饲料
霉菌（cfu/g）	≤3×10^4	各类渔用配合饲料

资料来源：NY 5072—2002　无公害食品　渔用配合饲料安全限量。

附录五　渔业水质标准

项目序号	项　　目	标准值（mg/L）
1	色、臭、味	不得使鱼、虾、贝、藻类带有异色、异臭、异味
2	漂浮物质	水面不得出现明显油膜或浮沫
3	悬浮物质	水面不得出现明显油膜或浮沫，人为增加的量不得超过 10，而且悬浮物质沉积于底部后，不得对鱼、虾、贝类产生有害影响
4	pH	淡水 6.5～8.5，海水 7.0～8.5
5	溶解氧	连续 24h 中，16h 以上必须大于 5，其余任何时候不得低于 3，对于鲑科鱼类栖息水域，除冰封期外，其余任何时候不得低于 4
6	生 化 需 氧 量 （5 天、20℃）	不超过 5，冰封期不超过 3
7	总大肠菌群	不超过 5 000 个/L（贝类养殖水质不超过 500 个/L）
8	汞	≤0.000 5
9	镉	≤0.005
10	铅	≤0.05
11	铬	≤0.1
12	铜	≤0.01
13	锌	≤0.1
14	镍	≤0.05
15	砷	≤0.05
16	氰化物	≤0.005
17	硫化物	≤0.2
18	氟化物（以 F⁻ 计）	≤1

（续）

项目 序号	项　　目	标准值（mg/L）
19	非离子氨	≤0.02
20	凯氏氮	≤0.05
21	挥发性酚	≤0.005
22	黄磷	≤0.001
23	石油类	≤0.05
24	丙烯腈	≤0.5
25	丙烯醛	≤0.02
26	六六六（丙体）	≤0.002
27	滴滴涕	≤0.001
28	马拉硫磷	≤0.005
29	五氯酚钠	≤0.01
30	乐果	≤0.1
31	甲胺磷	≤1
32	甲基对硫磷	≤0.0005
33	呋喃丹	≤0.01

资料来源：GB 11607—89　渔业水质标准。

附录六　淡水养殖用水水质要求

序号	项　目	标准值
1	色、臭、味	不得使养殖水体带有异色、异臭、异味
2	总大肠菌群，个/L	≤5 000
3	汞，mg/L	≤0.000 5
4	镉，mg/L	≤0.005
5	铅，mg/L	≤0.05
6	铬，mg/L	≤0.1
7	铜，mg/L	≤0.01
8	锌，mg/L	≤0.1
9	砷，mg/L	≤0.05
10	氟化物，mg/L	≤1
11	石油类，mg/L	≤0.05
12	挥发性酚，mg/L	≤0.005
13	甲基对硫磷，mg/L	≤0.000 5
14	马拉硫磷，mg/L	≤0.005
15	乐果，mg/L	≤0.1
16	六六六（丙体），mg/L	≤0.002
17	DDT，mg/L	≤0.001

资料来源：NY 5051—2001　无公害食品　淡水养殖用水水质。

附录七　海水养殖水质要求

序号	项　目	标准值
1	色、臭、味	海水养殖水体不得有异色、异臭、异味
2	大肠菌群，个/L	≤5 000，供人生食的贝类养殖水质≤500
3	粪大肠菌群，个/L	≤2 000，供人生食的贝类养殖水质≤140
4	汞，mg/L	≤0.000 2
5	镉，mg/L	≤0.005
6	铅，mg/L	≤0.05
7	六价铬，mg/L	≤0.01
8	总铬，mg/L	≤0.1
9	砷，mg/L	≤0.03
10	铜，mg/L	≤0.01
11	锌，mg/L	≤0.1
12	硒，mg/L	≤0.02
13	氰化物，mg/L	≤0.005
14	挥发性酚，mg/L	≤0.005
15	石油类，mg/L	≤0.05
16	六六六，mg/L	≤0.001
17	滴滴涕，mg/L	≤0.000 05
18	马拉硫磷，mg/L	≤0.000 5
19	甲基对硫磷，mg/L	≤0.000 5
20	乐果，mg/L	≤0.1
21	多氯联苯，mg/L	≤0.000 02

资料来源：NY 5052—2001　无公害食品　海水养殖用水水质。

附录八　常见水产养殖动物用药禁忌表

	加州鲈	淡水白鲳	胭脂鱼	鲴	鲇	黄颡鱼	贝类	虾蟹	鲷	团头鲂	乌鳢	鳜	鲟	大菱鲆	海参
敌百虫	×	×	×	×	×	×		×	×		×	×			
辛硫磷	×	×	×	×	×	×			×		×				
硫酸铜、硫酸亚铁	×					×	×			×	×	×	×		
甲苯咪唑		×	×			×	×								
菊酯类杀虫剂								×							
含氯、溴消毒剂															
阿维菌素							×								
碘制剂														×	×
季铵盐制剂														×	×
一水硫酸锌							×								
代森铵		×				×						×			
硫酸乙酰苯胺							×								
高锰酸钾				×	×										
阳离子表面活性消毒剂							×								×

附录九　常用兽药配伍禁忌表

	氟苯尼考	诺氟沙星	恩诺沙星	环丙沙星	盐酸多西环素	磺胺类	喹诺酮类
氟苯尼考	—	×	×	×		×	×
诺氟沙星	×					√	—
恩诺沙星	×					√	—
环丙沙星	×					√	—
盐酸多西环素	√	×	×	×	—		×
磺胺类	×	√	√	√		—	√
喹诺酮类	×	—	—	—		√	
金属阳离子		×	×	×			×

说明:

1. 喹诺酮类药物是一类较新的合成抗生素,目前已开发出第三代。第三代喹啴酮类药物主要有:诺氟沙星、培氟沙星、依诺沙星、氧氟沙星、环丙沙星、氟罗沙星、洛美沙星、曲氟沙星、司帕沙星、盐酸芦氟沙星、吡哌酸等。

2. 磺胺类包括磺胺嘧啶、磺胺甲恶唑、甲氧苄啶、柳氮磺吡啶、磺胺米隆、美沙拉嗪等。

附录十　水产养殖质量安全管理规定

第一章　总　则

第一条　为提高养殖水产品质量安全水平，保护渔业生态环境，促进水产养殖业的健康发展，根据《中华人民共和国渔业法》等法律、行政法规，制定本规定。

第二条　在中华人民共和国境内从事水产养殖的单位和个人，应当遵守本规定。

第三条　农业部主管全国水产养殖质量安全管理工作。

县级以上地方各级人民政府渔业行政主管部门主管本行政区域内水产养殖质量安全管理工作。

第四条　国家鼓励水产养殖单位和个人发展健康养殖，减少水产养殖病害发生；控制养殖用药，保证养殖水产品质量安全；推广生态养殖，保护养殖环境。

国家鼓励水产养殖单位和个人依照有关规定申请无公害农产品认证。

第二章　养殖用水

第五条　水产养殖用水应当符合农业部《无公害食品　海水养殖用水水质》（NY 5052—2001）或《无公害食品　淡水养殖用水水质》（NY 5051—2001）等标准，禁止将不符合水质标准的水源用于水产养殖。

第六条　水产养殖单位和个人应当定期监测养殖用水水质。

养殖用水水源受到污染时，应当立即停止使用；确需使用的，应当经过净化处理达到养殖用水水质标准。

养殖水体水质不符合养殖用水水质标准时，应当立即采取措施进行处理。经处理后仍达不到要求的，应当停止养殖活动，并向当地渔业行政主管部门报告，其养殖水产品按本规定第十三条处理。

第七条　养殖场或池塘的进排水系统应当分开。水产养殖废水排放应当达到国家规定的排放标准。

第三章　养殖生产

第八条　县级以上地方各级人民政府渔业行政主管部门应当根据水产养殖规划要求，合理确定用于水产养殖的水域和滩涂，同时根据水域滩涂环境状况划分养殖功能区，合理安排养殖生产布局，科学确定养殖规模、养殖方式。

第九条　使用水域、滩涂从事水产养殖的单位和个人应当按有关规定申领养殖证，并按核准的区域、规模从事养殖生产。

第十条　水产养殖生产应当符合国家有关养殖技术规范操作要求。水产养殖单位和个人应当配置与养殖水体和生产能力相适应的水处理设施和相应的水质、水生生物检测等基础性仪器设备。

水产养殖使用的苗种应当符合国家或地方质量标准。

第十一条　水产养殖专业技术人员应当逐步按国家有关就业准入要求，经过职业技能培训并获得职业资格证书后，方能上岗。

第十二条　水产养殖单位和个人应当填写《水产养殖生产记录》（格式见附件1），记载养殖种类、苗种来源及生长情况、饲料来源及投喂情况、水质变化等内容。《水产养殖生产记录》应当保存至该批水产品全部销售后2年以上。

第十三条　销售的养殖水产品应当符合国家或地方的有关标准。不符合标准的产品应当进行净化处理，净化处理后仍不符合标准的产品禁止销售。

第十四条　水产养殖单位销售自养水产品应当附具《产品标签》（格式见附件2），注明单位名称、地址，产品种类、规格，出池日期等。

第四章　渔用饲料和水产养殖用药

第十五条　使用渔用饲料应当符合《饲料和饲料添加剂管理条例》和农业部《无公害食品　渔用饲料安全限量》（NY 5072—2002）。鼓励使用配合饲料。限制直接投喂冰鲜（冻）饵料，防止残饵污染水质。

禁止使用无产品质量标准、无质量检验合格证、无生产许可证和产品批准文号的饲料、饲料添加剂。禁止使用变质和过期饲料。

第十六条　使用水产养殖用药应当符合《兽药管理条例》和农业部《无公害食品　渔药使用准则》（NY 5071—2002）。使用药物的养殖水产品在休药期内不得用于人类食品消费。

禁止使用假、劣兽药及农业部规定禁止使用的药品、其他化合物和生物制剂。原料药不得直接用于水产养殖。

第十七条　水产养殖单位和个人应当按照水产养殖用药使用说明书的要求或在水生生物病害防治员的指导下科学用药。

水生生物病害防治员应当按照有关就业准入的要求，经过职业技能培训并获得职业资格证书后，方能上岗。

第十八条　水产养殖单位和个人应当填写《水产养殖用药记录》（格式见附件3），记载病害发生情况，主要症状，用药名称、时间、用量等内容。《水产养殖用药记录》应当保存至该批水产品全部销售后2年以上。

第十九条　各级渔业行政主管部门和技术推广机构应当加强水产养殖用药安全使用的宣传、培训和技术指导工作。

第二十条　农业部负责制定全国养殖水产品药物残留监控计划，并组织实施。

县级以上地方各级人民政府渔业行政主管部门负责本行政区域内养殖水产品药物残留的监控工作。

第二十一条　水产养殖单位和个人应当接受县级以上人民政府渔业行政主管部门组织的养殖水产品药物残留抽样检测。

第五章　附　则

第二十二条　本规定用语定义：

健康养殖　指通过采用投放无疫病苗种、投喂全价饲料及人为控制养殖环境条件等技术措施，使养殖生物保持最适宜生长和发育的状态，实现减少养殖病害发生、提高产品质量的一种养殖方式。

生态养殖　指根据不同养殖生物间的共生互补原理，利用自然界物质循环系统，在一定的养殖空间和区域内，通过相应的技术和管理措施，使不同生物在同一环境中共同生长，实现保持生态平衡、提高养殖效益的一种养殖方式。

第二十三条　违反本规定的，依照《中华人民共和国渔业法》《兽药管理条例》和《饲料和饲料添加剂管理条例》等法律法规进行处罚。

第二十四条　本规定由农业部负责解释。

第二十五条　本规定自 2003 年 9 月 1 日起施行。

附件1　水产养殖生产记录

池塘号：_____　面积：_____亩　养殖种类：_____

饲料来源		检测单位					
饲料品牌							
苗种来源		是否检疫					
投放时间		检疫单位					
时间	体长	体重	投饵量	水温	溶氧	pH	氨氮

养殖场名称：　　养殖证编号：（　）养证［　］第　号

养殖场场长：　　养殖技术负责人：

附件2　产品标签

养殖单位	
地址	
养殖证编号	（　）养证［　］第　号
产品种类	
产品规格	
出池日期	

附件3　水产养殖用药记录

序号	
时间	
池号	
用药名称	
用量/浓度	
平均体重/总重量	
病害发生情况	
主要症状	
处方	
处方人	
施药人员	
备注	

附录十一 鑫洋无公害渔药产品一览表

（2016 年）

分类		产品名称	主要成分	产品功效
外用消毒剂	碘制剂	聚维酮碘溶液	聚维酮碘	对细菌、病毒和真菌均有良好的杀灭作用，用于养殖水体、养殖器具的消毒，并可用于防治水产养殖动物的各种细菌、真菌及病毒性疾病
		草鱼五病净	高聚碘	杀灭水体中滋生的细菌、病毒和霉菌，有效预防草鱼出血病、赤皮病、肠炎、烂鳃病及肝胆综合征
		季铵盐碘	双链季铵盐碘	杀灭水体中滋生的细菌、病毒及霉菌
		高碘	络合碘	用于养殖水体和养殖器具的消毒、灭菌，防治水产动物的各种细菌性疾病
		溴碘	溴碘	改善水体环境，优化水体微生态系统，抑制有害微生物的分裂繁殖，恢复水产动物的健康与活力
	卤族消毒剂	二氧化氯	一元二氧化氯	用于养殖水体、器具消毒、灭菌，防治水产动物的出血病、烂鳃病、腹水病、肠炎病、疖疮病、腐皮病等细菌性疾病
		二氧化氯片（缓释）		
		二氧化氯片（速溶）		
		塘毒清	二元二氧化氯	
		二溴海因	二溴海因	抑制与杀灭水体中的细菌、真菌、芽孢及病毒，降低氨氮、硫化氢等有害物质的含量，防治水产动物的各种细菌性疾病
		二溴海因泡腾颗粒	二溴海因	
		二溴海因泡腾片	二溴海因	
		富氯	三氯异氰脲酸	有效氯 30%。防治鱼、虾的细菌性疾病及水体消毒

（续）

分类			产品名称	主要成分	产品功效
外用消毒剂	卤族消毒剂		三氯异氰脲酸粉	三氯异氰脲酸	有效氯50%。防治鱼、虾的细菌性疾病及水体消毒
			杀灭海因	溴氯海因	养殖水体消毒，防治水产动物的出血病、烂鳃病、腐皮病、肠炎等细菌性疾病
	表面活性剂		新杀菌红	复合二硫氰基甲烷	防治各种水产动物细菌性、真菌性疾病
			鑫洋血尔	苯扎溴铵	用于养殖水体、器具消毒、灭菌，防治水产动物的出血病、烂鳃病、腹水病、肠炎、疖疮病、腐皮病等细菌性疾病
			特效止血停	癸甲溴铵复合戊二醛	防治各种出血病
			鑫醛速洁	戊二醛	水体消毒，防治水产养殖动物由弧菌、嗜水气单胞菌及爱德华氏菌等引起的细菌性疾病
			大黄精华素（浓缩）	大黄等中药浸出物	用于水体消毒，防治由弧菌、嗜水气单胞菌及爱德华氏菌等引起的水产动物细菌性疾病
	其他		水霉净	水杨酸	防止水产动物水霉病、鳃霉病、白毛病、内脏真菌病、镰刀菌病等真菌性疾病的产生
			硫醚沙星	硫醚沙星	本品可快速净化水体，抑制降解水体中的各种有害病菌的产生与传播，并对水产动物的水霉、鳃霉等真菌有极强的剥离分解作用
内服药	抗生素类		克瘟灵Ⅱ克瘟灵3	恩诺沙星恩诺沙星	主治鱼类的细菌性疾病
			特效止痢灵	恩诺沙星	改善养殖动物体内及水体中微生物的生态环境，增加有益微生物的种群数量，抑制有害微生物的生长繁殖
			硫酸新霉素粉	硫酸新霉素	用于治疗鱼、虾、河蟹等水产动物由气单胞菌、爱德华氏菌及弧菌等引起的肠道疾病
			盐酸多西环素	盐酸多西环素	主治鱼类的细菌性出血病及各种应激性出血病
			氟苯尼考	氟苯尼考	防治各种淡水鱼、海水鱼的败血症、皮肤病、肠道病、烂鳃病和虾蟹的红体病等细菌性疾病
			磺胺甲噁唑	磺胺甲噁唑	治疗淡水鱼、海水鱼由嗜水气单胞菌、温和气单胞菌及荧光假单胞菌等引起的肠炎、败血症、赤皮病、溃疡病等细菌性疾病

（续）

分类		产品名称	主要成分	产品功效
内服药	中草药类	肝胆利康散	茵陈、大黄、郁金等	疏肝利胆、清热解毒，具有保肝、利胆、泻下、利尿作用，主要用于治疗鱼类肝胆综合征
		五倍子末	五倍子	防治鱼虾蟹鳖蛙等由水霉、鳃霉引起的真菌性疾病
		百部贯众散	百部、绵马贯众、樟脑、苦参	鱼类孢子虫病及其他寄生虫引起的烂鳃、肠炎、赤皮、竖鳞、旋转等病
		安菌克	黄芩、黄柏、大黄、大青叶	清热解毒，主治水产动物由假单胞菌、弧菌、嗜气单胞菌、爱德华氏菌引起的细菌性疾病
		利胆保肝宁	茵陈、大黄、郁金、连翘、柴胡	消食健胃，疏肝利胆，清热解毒，具有保肝、利胆、泻下、利尿作用。主要用于治疗鱼虾蟹类肝胆综合征
		肝胆康	多种胆汁酸、脱氢胆酸、肉碱、豆科植物活性提取物	强化了水产动物肝细胞的代谢功能，增强肝胆动力，强肝利胆
		维生素C钠粉	维生素C钠，L-抗坏血酸钠	用于预防和治疗水产动物的维生素C缺乏症等。促进动物对胆固醇和脂肪酸的充分利用，提高动物的抗病能力
		酶合多维	水产专用复合酶、消化酶、必需维生素、氨基酸、电解质	改善消化功能。提高鱼、虾、海参等对饵料的利用率，降低饵料系数，提高生长速度
		三金出血治	维生素K_3	防治水产动物的细菌性出血病，提高机体免疫力
		环肽免疫多糖	环肽免疫多糖、低聚木糖	提高免疫，促进生长
		亚硫酸氢钠甲萘醌粉	维生素K_3	用于鱼、鳖等水生动物的细菌性出血病
		鑫洋稳C王	维生素C钠	防治水产动物的维生素C缺乏症，具有提高食欲、增强机体免疫力、解毒剂促进生长的功能，对鱼类的各种出血病、营养性肝胆病有辅助疗效

（续）

分类		产品名称	主要成分	产品功效
内服药	中草药类	高效 Vc＋e	维生素 C、维生素 E	本品可用于维生素 C、E 缺乏症，提高水产养殖动物的成活率、增重率和免疫能力，防止出血、发育停滞、体重下降、体内各部分出血
		鱼虾多维宝	复合多维添加剂预混料	具有调节鱼类新陈代谢，补充氨基酸和各种维生素，保持机体细胞的营养平衡，提高机体免疫力和抗应激能力，减少疾病发生，从而使养殖业获得较高的效益
	抗原虫	特轮灭	伊维菌素、苦参碱、增效剂	使寄生在鱼体上的车轮虫、斜管虫、隐鞭虫、纤毛虫等快速脱离鱼体，失去营养来源而死亡
		孢虫杀	环烷酸铜	驱除寄生于养殖鱼类体表、鳍条和鳃上的黏孢子虫，调节水质
	抗蠕虫	指环虫杀星	甲苯咪唑	治疗鱼类指环虫病、伪指环虫病及三代虫病等单殖吸虫类寄生虫
		绦虫速灭	5-丙硫咪唑-2-苯并咪唑氨基甲酸甲酯	可改善鱼类肠道微生物种群结构，提高肠壁的韧性，增强肠道蠕动能力，将肠道内异类生物迅速排出体外
	寄生甲壳类	杀虫先	氯氰菊酯	治疗水产动物的各种寄生虫疾病，对于中华鳋、锚头鳋及鱼虱有强烈的驱杀效果
		鑫洋暴血平	辛硫磷	主治鱼类的暴发性出血病，治疗出血病、杀虫、杀菌三效合一
		鑫洋灭虫精	敌百虫、辛硫磷	治疗鱼类的中华鳋病、锚头鳋病、鱼虱病等寄生虫疾病
		鑫洋水蛛威	阿维菌素	驱杀水体中的枝角类等浮游动物
		锚头鳋克星	环烷酸铜	可迅速改变锚头鳋和中华鳋的生存环境，干扰锚头鳋的体内蛋白合成，在 4～5 天内即可使锚头鳋完全从鱼体上脱落，从而失去营养来源而死亡
		克虫威	敌百虫	用于杀灭寄生于鱼体上的中华鳋、锚头鳋、鱼虱、三代虫、指环虫、线虫及吸虫等寄生虫，预防出血病
		鑫洋混杀威	阿维菌素	用于杀灭混养塘中的中华鳋、锚头鳋、车轮虫、指环虫、线虫幼体等寄生虫及浮游动物

（续）

分类		产品名称	主要成分	产品功效
水质改良剂	肥水类	活而爽（加强型）	有机肥、益生菌、藻类营养素等	促进养殖水体中硅藻、绿藻等有益藻类和有益微生物的繁殖，降解底层有机废物，降低氨氮、亚硝酸盐等有害物质的含量，具有肥水、调水双重功效
		高硅双效肥	硅盐、有益菌、藻类营养素	
		肥水素	藻类营养素、无机营养盐	促进水体中有益藻类、有益微生物的繁殖，食用鱼高密度养殖池、苗种培育池、水体老化池及消毒、灭虫后养殖水体的水质恢复与调节
		氨基酸多肽肥水膏	生物多肽、氨基酸、微量元素	富含单胞藻促长素，肥水速度快。用于补充水体各种营养成分，促进有益藻类繁殖，抑制有害藻类生产，改良水质
	底改类	水维康	过硫酸氢钾	强力降解亚硝酸盐、净化水质
		底加氧	增氧解毒素、强力诱食剂	可用于各种水产动物缺氧（如浮头、偷死、游塘）时的预防及下雨、天气变化、倒藻等水质突变后引起的缺氧及中毒的预防和急救
		增氧底保净	氧化剂、水体净化调节剂等	快速简介水体中残饵、鱼虾排泄物等有机污染物，吸附有毒、有害物质，增加溶解氧，改良池塘底质
		底居安	过氧一硫酸钾钠盐	改良底质、降解毒素
		底居宁	复合季磷盐、水体调节剂	改善池底环境、增加溶氧、提高食欲
	微生物类	超浓芽孢精乳	芽孢乳杆菌、枯草芽孢杆菌	抑制有害微生物、改善水色、调控水质
		光合细菌	红假单胞菌	吸收水底的氧气层物质，消化养殖过程中产生的有机废物，抑制病原微生物生长，净化水质，同时能调节水产动物肠道内的菌群平衡，补充机体所需各种营养物质，增强抗病力
		菌满多	芽孢杆菌、反硝化细菌等	降解水中的各种有毒物质、稳定 pH,促进养殖水体的藻类繁殖，提高鱼类食欲，为幼苗提供饵料

（续）

分类		产品名称	主要成分	产品功效
水质改良剂	微生物类	原菌片	光合细菌、芽孢杆菌	快速降解水体氨氮、亚硝酸盐、硫化氢等有害物质，有效降解水体残饵等造成的蛋白质残留，减少水体泡沫的产生，抑制有害藻类的过度繁殖，维持优良藻相、菌相及平衡养殖水体环境
	解毒类	低聚糖863	低聚木糖、低聚异麦芽糖	有效抑制水产养殖动物细菌性疾病和病毒性疾病的发生
		鑫洋泡腾C	维生素C钠、抗应激活性因子等	颗粒型环境突变水质保护剂，缓解因水环境突变引起的养殖动物的应激反应及各种不适表现，可有效提高养殖动物对疾病的抵抗能力及抗应激能力
		应激解毒安	氨基果酸、有益菌	可以迅速降解各种毒素，尤其对因重金属、农药造成的水体污染有明显的解毒作用，使用后还能能恢复并改善池塘水质，降低氨氮、亚硝酸盐类的毒性，净化底质
		解毒专家	月桂基氨酸盐、枸橼酸	解毒、抗应激
		水质保护解毒剂	高效离子络合剂、增效剂	解毒、防病、抗应激
		鑫洋柠檬C	维生素C钠、强力诱食剂	解毒、抗应激、提高机体免疫力
	水质改良类	亚硝克星	无水硫酸镁、无水硫酸亚铁、膨润土等	强力抑制消除水中有害物质，是消除水体亚硝酸盐的特效产品
		鑫铜	萘酸铜	微生物酶毒剂，对细菌、真菌及藻类等有致毒作用，具杀虫、杀菌、灭藻三重作用。与杀虫剂、抗出血病产品配伍，有增效作用
		水霉菌毒净	水杨酸	主要用于淡、海水养殖的水产动物由水霉菌、绵霉菌感染引起的水霉病、鳃霉病。同时，对赤皮、烂鳃、出血也有良好的效果
		克藻灵	复合有机杂环类除藻剂、增效剂	有效控制鱼虾蟹贝养殖水体中的蓝藻、甲藻、青泥苔（水绵）等藻类的繁殖，消除水体富营养化
		蓝藻净	复合磺酸盐、增效剂	抑制有害藻类的生长繁殖，杀灭蓝藻、裸甲藻等有害藻类

（续）

分类		产品名称	主要成分	产品功效
水质改良剂	水质改良类	降硝氨	强离子交换剂	去除水体中的氨氮、亚硝酸盐、硫化氢、沼气等有害物质，稳定池底 pH，调整水中氢离子浓度，抑制腐败细菌繁殖
		颗粒氧	过碳酸钠	迅速提高水体中的溶解氧，缓解或消除水体缺氧状况，改善水质
		富氧	过碳酸钠	增加养殖水体中的溶氧量，用于缓解和解除鱼、虾、蟹等水产动物因缺氧引起的浮头和泛塘
		杂鱼杀丁	鱼毒精数	消除虾蟹养殖池中的野杂鱼及钉螺、福寿螺、田螺、椎实螺、贝类等软体动物
添加剂类		鲤鱼复合添加剂	矿矿物盐、维生素、促生长剂	补充配合饲料中所需的矿物质、微量元素及维生素，促进动物生长发育，防止各种营养缺乏症
		鲫鱼复合添加剂		
		5% 鲤鱼预混料		
		草鱼复合添加剂		

图书在版编目（CIP）数据

水产养殖科学用药 290 问/夏磊，杨仲明，张长健编著.—北京：中国农业出版社，2019.8（2021.12 重印）
（养殖致富攻略·疑难问题精解）
ISBN 978-7-109-25710-8

Ⅰ.①水⋯　Ⅱ.①夏⋯②杨⋯③张⋯　Ⅲ.①水产养殖-动物疾病-用药法-问题解答　Ⅳ.①S948-44

中国版本图书馆 CIP 数据核字（2019）第 148824 号

中国农业出版社出版
地址：北京市朝阳区麦子店街 18 号楼
邮编：100125
责任编辑：林珠英　黄向阳
版式设计：王　晨　责任校对：赵　硕
印刷：北京印刷一厂
版次：2019 年 8 月第 1 版
印次：2021 年 12 月北京第 3 次印刷
发行：新华书店北京发行所
开本：880mm×1230mm 1/32
印张：6.75
字数：200 千字
定价：26.00 元